Wissenschaftliche Taschenbücher WTB

Chemie

Joachim Schuppan

Anwendungen der Konduktometrie

Akademie-Verlag · Berlin

WTB Wissenschaftliche Taschenbücher

Eine Auswahl lieferbarer Bände:

HEINRICH ARNOLD
Physikalische Chemie der Halbleiter

JOACHIM AUTH / DIETMAR GENZOW
KLAUS H. HERRMANN
Photoelektrische Erscheinungen

HANS BANDEMER
ANDREAS BELLMANN
WOLFHART JUNG / KLAUS RICHTER
Optimale Versuchsplanung

FRANK BEICHELT
Prophylaktische Erneuerung von Systemen

JOACHIM BELLACH / PETER FRANKEN
ELKE WARMUTH / WALTER WARMUTH
Maß, Integral und bedingter Erwartungswert

WOLFRAM BRAUER
HANS-WALDEMAR STREITWOLF
Theoretische Grundlagen der Halbleiterphysik

SIEGFRIED BREHMER
Einführung in die Maßtheorie

SIEGFRIED BREHMER
Hilbert-Räume und Spektralmaße

JOHN CUNNINGHAM
Vektoren

GEORG DAUTCOURT
Relativistische Astrophysik

K. CH. DELOKAROV
Relativitätstheorie und Materialismus

HANNELORE FISCHER
JOACHIM PIEHLER
Modellsysteme der Operationsforschung

GOTTFRIED FRITZSCHE
Grundlagen und Entwurf passiver Analogzweipole
Netzwerke I

Entwurf passiver Analogvierpole
Netzwerke II

HERBERT GOERING
Asymptotische Methoden zur Lösung von Differentialgleichungen

HERBERT GOERING
Elementare Methoden zur Lösung von Differentialgleichungsproblemen

EDUARD HERLT / NIKOLAUS SALIÉ
Spezielle Relativitätstheorie

HELMUT HESS
Der elektrische Durchschlag in Gasen

V. I. KARPMAN
Nichtlineare Wellen in dispersiven Medien

ULRICH KAUSMANN
KLAUS LOMMATZSCH
FRANTIŠEK NOŽIČKA
Lineare parametrische Optimierung

A. R. KESSEL
Akustische Kernresonanz

KONRAD KREHER
Festkörperphysik

DIETER KRESS
Theoretische Grundlagen der Signal- und Informationsübertragung

DIETER LEUSCHNER
Grundbegriffe der Thermodynamik

W. S. LETOCHOW
Laserspektroskopie

DIERCK-EKKEHARD LIEBSCHER
Relativitätstheorie mit Zirkel und Lineal

WOLFGANG MEILING
Digitalrechner in der elektronischen Meßtechnik
Teil 1: Meßmethodik
Teil 2: Gerätetechnik und Anwendungen

L. I. MIROSCHNITSCHENKO
Kosmische Strahlung im interplanetaren Raum

PETER PAUFLER
GUSTAV E. R. SCHULZE
Physikalische Grundlagen mechanischer Festkörpereigenschaften
Teil I und II

ULRICH RÖSEBERG
Quantenmechanik und Philosophie

ALBRECHT ROST
Messung dielektrischer Stoffeigenschaften

J. V. SAČKOV
Wahrscheinlichkeit und Struktur

E. M. SAWIZKI
Perspektiven der Metallforschung

WOLFGANG SCHÄFER
Theoretische Grundlagen der Stabilität technischer Systeme

ERNST SCHMUTZER
Symmetrien und Erhaltungssätze der Physik

VOLKMAR SCHURICHT
Kernexplosionen für friedliche Zwecke

NORBERT SIEBER
HANS-PETER LEIDHOLD
Einführung in die Datenverarbeitung

GERHARD WUNSCH
Zellulare Systeme

Festkörperphysik
Entwicklungstendenzen und Anwendungsmöglichkeiten

Die Schöpfer der physikalischen Optik
Eine Artikelsammlung

HANS-GEORG SCHÖPF
Von Kirchhoff bis Planck

RENATE WAHSNER
Mensch und Kosmos
Die copernicanische Wende

HELMUT FRIEMEL / JOSEF BROCK
Grundlagen der Immunologie

EBERHARD HOFMANN
Funktionelle Biochemie des Menschen
Band 1 und 2

LOTHAR JÄGER
Grundlagen der Klinischen Immunologie

KARLHEINZ LOHS
DIETER MARTINETZ
Entgiftung – Mittel, Methoden und Probleme

JOACHIM NITSCHMANN
Entwicklung bei Mensch und Tier

STEPHAN SCHNITZLER
Pharmakologische Aspekte von Immunreaktionen

DIETER SPAAR
HELMUT KLEINHEMPEL
HANS JOACHIM MÜLLER
KLAUS NAUMANN
Bakteriosen der Kulturpflanzen

EBERHARD TEUSCHER
Pharmakognosie
Teil I–III

MICHAEL THEILE
SIEGFRIED SCHERNECK
Zellgenetik

HEINRICH BREMER
KLAUS-PETER WENDLANDT
Heterogene Katalyse

PETER BIRNER
HANS-JÖRG HOFMANN
CORNELIUS WEISS
MO-theoretische Methoden in der organischen Chemie

WERNER DÖPKE
Dynamische Aspekte der Stereochemie organischer Verbindungen

GÜNTHER EPPERT
Einführung in die Schnelle Flüssigchromatographie

GERHARD GEISELER / HEINZ SEIDEL
Die Wasserstoffbrückenbindung

FALKO H. HERRMANN
MARTINA CH. HERRMANN
Das Hämoglobin des Menschen

HELMUT HRAPIA
Einführung in die Chromatographie

HANS LUPPA
Grundlagen der Histochemie
Teil I und II

DIETER ONKEN
Antibiotika – Chemie und Anwendung

BURKART PHILIPP
GERHARD REINISCH
Grundlagen der makromolekularen Chemie

Vorschau auf die nächsten Bände:

HORST-HEINO VON BORZESZKOWSKI
RENATE WAHSNER
Newton und Voltaire
Zur Begründung und Interpretation der klassischen Mechanik

J. G. COLLEE
Angewandte medizinische Mikrobiologie

GOTTFRIED FRITZSCHE
Entwurf aktiver Analogsysteme
Netzwerke III

CLAUS HAMANN / JOACHIM HEIM
HUBERT BURGHARDT
Organische Leiter, Halbleiter und Photoleiter

GERHARD JACKISCH
Johann Heinrich Lamberts „Cosmologische Briefe" mit Beiträgen zur Frühgeschichte der Kosmologie

WOLFGANG A. KNORRE
Pharmakokinetik
Theoretische Grundlagen und praktische Anwendungen

HASSO MEINERT
Fluorchemie

GERNOT NEUGEBAUER
Relativistische Thermodynamik

VOLKER NOLLAU
Semi-Markovsche Prozesse

KURT SCHWABE
pH-Messung

RAINER SINZ
Chronopsychophysiologie, Chronobiologie und Chronomedizin

WTB

BAND 261

Joachim Schuppan

Anwendungen der Konduktometrie

Mit 70 Abbildungen und 1 Tabelle

AKADEMIE-VERLAG · BERLIN

Reihe CHEMIE

Herausgegeben im Auftrage
der Akademie der Wissenschaften der DDR

von

Prof. Dr. h. c. H. Klare, Berlin
Prof. Dr.-Ing. Dr. h. c. E. Leibnitz, Berlin
Prof. em. Dr.-Ing. habil. Dr. h. c. mult. K. Schwabe, Meinsberg

Verantwortlicher Herausgeber dieses Bandes:
Prof. Dr.-Ing. habil. Dr. rer. nat. h. c. mult. K. Schwabe

Verfasser:
Dipl.-Chem. Joachim Schuppan
Forschungsinstitut der Technischen Universität Dresden
Meinsberg

1980
Erschienen im Akademie-Verlag,
DDR-1080 Berlin, Leipziger Str. 3—4
Lektor: Fritz Schulz

Lizenznummer: 202 · 100/475/80
Gesamtherstellung: VEB Druckhaus „Maxim Gorki“,
7400 Altenburg
Bestellnummer: 762 619 0 (7261) · LSV 1234
Printed in GDR
DDR 8,— M

Vorwort

Der vorliegende Band setzt thematisch den Band „*Theorie und Meßmethoden der Konduktometrie*" fort. Während dort die Theorie der Leitfähigkeitsmessung von Elektrolytlösungen, die Besonderheiten des Aufbaus von Leitfähigkeitsmeßzellen, die Eichmethoden und die gebräuchlichen Meßanordnungen der Konduktometrie dargestellt wurden, wird hier die praktische Durchführung ausführlich beschrieben. Die vielfältigen Anwendungsmöglichkeiten der Leitfähigkeitsmessung in der technischen Betriebskontrolle beweisen die Berechtigung für ihre weite Verbreitung in der Betriebspraxis. Aus unseren Industriebetrieben sind Leitfähigkeitsmeßanlagen nicht mehr wegzudenken, in unseren Laboratorien gehört die Konduktometrie zu den bewährten elektrochemischen Meßverfahren, und der Betrieb unserer modernen Hochdruckkraftwerke ist ohne Reinheitskontrollen von Wasser und Dampf durch Leitfähigkeitsmessungen nicht denkbar. Ähnliches läßt sich auch für die Nützlichkeit dieser an sich so einfachen Methode bei der Umweltkontrolle sagen, wobei hier nur die Gewässerüberwachung und die Gasanalyse mit Hilfe der Konduktometrie erwähnt werden sollen.

Der zweite Teil dieses Bandes ist der konduktometrischen Titration vorbehalten. Es werden die verschiedenen Verfahren erläutert und Hinweise für die praktische Durchführung gegeben. Alle in diesem Band beschriebenen handelsüblichen Geräte sind Beispiele im Sinne einer umfassenden Darstellung der verschiedenartigen Methoden, und ihre Auswahl darf nicht als Werturteil verstanden werden.

Für die außerordentliche Unterstützung bei der Vorbereitung und bei der Ausarbeitung des Manuskripts für diese Veröffentlichung dankt der Autor seinem verehrten Lehrer, Herrn *Professor Dr.-Ing. habil. Dr. rer. nat. h. c. mult. K. Schwabe*, herzlich.

J. Schuppan

Inhalt

1. Gerät zur Leitfähigkeitsmessung

Alle von der einschlägigen Industrie angebotenen Geräte zur Messung der elektrolytischen Leitfähigkeit gehen auf bekannte Grundschaltungen [1] zurück. Sie unterscheiden sich jedoch in ihrer Gesamtkonzeption, je nachdem für welchen speziellen Verwendungszweck sie entwickelt wurden. Man findet Spezialmeßbrücken für Präzisionsmessungen ebenso wie einfachere Geräte für die konduktometrische Titration.

Die bei den folgenden Gerätebeschreibungen getroffene Auswahl stellt kein Werturteil dar. Vielmehr existieren von verschiedenen Gerätetypen meist einige vergleichbare und auch gleichwertige Produkte verschiedener Hersteller, die sich nur äußerlich oder in gewissen Einzelheiten unterscheiden.

1.1. Labormeßgeräte

Die Messung der elektrolytischen Leitfähigkeit mit gewöhnlichen Widerstandsmeßbrücken ist zwar ohne weiteres möglich, wird aber immer mit gewissen Umständen verbunden sein, da man meist nicht ohne Zusatzeinrichtungen auskommt. Es werden aber von der Industrie auch spezielle Leitfähigkeitsmeßbrücken angeboten. Der Leitfähigkeitsmesser Type LBR von den Wissenschaftlich-Technischen Werkstätten GmbH, Weilheim/Obb./BRD (Abb. 1) ist ein typisches Laborgerät dieser Art.

Es handelt sich um eine WHEATSTONEsche Brücke. Sie wird gebildet aus dem Zellenwiderstand, einem durch einen Bereichsschalter in 7 Stufen umschaltbaren Vergleichswiderstand, einem festen Brückenwiderstand und einem Schleifdrahtpotentiometer, durch das die OHMsche Wirkkomponente des Zellenwiderstandes abgeglichen wird.

Die Brücke kann wahlweise mit 50 Hz aus dem Netz oder mit 3000 Hz aus einem eingebauten Oszillator in

Abb. 1. Leitfähigkeitsmesser LBR
(*Hersteller:* Wissenschaftlich-Technische Werkstätten GmbH, Weilheim/Obb./BRD)

Rückkopplungsschaltung gespeist werden. Als empfindlicher Indikator für den Brückenabgleich dient ein magisches Auge, das von einem im Brückennullzweig liegenden Verstärker angesteuert wird. Das Aufsuchen des Brückenminimums wird durch einen eingebauten Empfindlichkeitsregler sehr erleichtert.

Um auch die Blindkomponente des Meßzellenwiderstandes abgleichen zu können, enthält die Meßbrücke einen Differentialdrehkondensator für den Phasenabgleich. Ein vollständiger Brückenabgleich wird durch abwechselnde Einstellung von Phasenabgleich und Abgleichwiderstand bei gleichzeitiger Erhöhung der Empfindlichkeit erreicht.

Der Meßbereich des Leitfähigkeitsmessers reicht von 0,1 Ohm bis 10 Megaohm bzw. von 0,1 bis 10^{-8} Siemens. Es wird eine Meßgenauigkeit von $\pm 1\%$ am Skalenanfang und $\pm 0{,}5\%$ am Skalenende angegeben. Die Anzeigeempfindlichkeit $\Delta R/R = 2 \cdot 10^{-3}$.

Ebenfalls Meßbrücken mit Handabgleich unter Verwendung eines magischen Auges als Nullindikator sind das Leitfähigkeitsmeßgerät LM 300 (Hersteller: VEB Hydromat, Dresden-Bannewitz) und das Konduktometer E 382 (Metrohm AG, Herisau/Schweiz). Das Gerät LM 300 besitzt 7 Meßbereiche mit jeweils einer Zehnerpotenz Meßumfang und hat drei frei wählbare Meßfrequenzen (50, 1000, 3000 Hz). Die Brückendiagonalspannung wird über einen Empfindlichkeitsregler dem Anzeigeverstärker zugeführt und dadurch das Aufsuchen des Brückenabgleichs mit Hilfe des magischen Auges sehr erleichtert. Durch Verwendung eines Wendelpotentiometers in Verbindung mit einem Einstellgetriebe erfolgt die Anzeige quasidigital.

Beim Konduktometer E 382 — einem typischen Labormeßgerät — wurde bewußt auf höhere Meßfrequenzen verzichtet. Es arbeitet nur mit Netzfrequenz 50 Hz und hat daher gegenüber anderen Geräten einen weit geringeren Aufwand durch Einsparung eines Frequenzgenerators. Eine annähernd logarithmische Skala (Abb. 2) und ein moderner Verstärker, der nur auf den OHMschen Wirkwiderstand der Meßzelle anspricht, ergeben über alle 5 umschaltbaren Meßbereiche eine gleichbleibende Genauigkeit von $\pm 2\%$ und machen eine Empfindlichkeitsregulierung überflüssig.

Einem WAGNERschen Hilfszweig zum Abgleich der Brücke gegen Erde enthält die Präzisions-Leitfähigkeitsbrücke Type LKB 3216 B (Abb. 3; Hersteller: LKB-Produkter AB, Stockholm/Schweden). Sie ist nach den

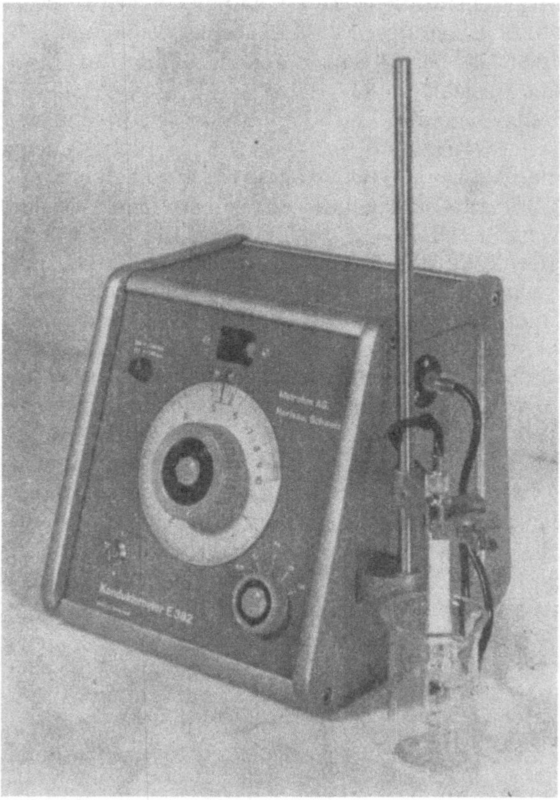

Abb. 2. Metrohm Konduktometer E 382

Richtlinien aufgebaut, die SHEDLOVSKY [2] nach umfassenden Untersuchungen für Brücken dieser Art aufstellte. Die Speisung der Brücke erfolgt mit 2 Volt Wechselspannung von 1000 Hz bzw. 2000 Hz. Zum Brückenabgleich sind vier Widerstandsdekaden für die Wirkkomponente und zwei Kapazitätsdekaden für die Blindkomponente vorhanden. Als Nullindikator kann

Abb. 3. Präzisions-Leitfähigkeitsbrücke Type LKB 3216 B
(*Hersteller:* LKB-Produkter AB, Stockholm/Schweden)

wahlweise ein magisches Auge oder ein Telefon verwendet werden, wobei das Telefon zum Feinstabgleich bis auf die vierte Dezimale dient. Als höchste Meßgenauigkeit wird ebenfalls $\pm 0,1\%$ erreicht.

Wie bekannt[1]) bringt die Verwendung einer Kathodenstrahl-Oszillographenröhre als Nullindikator in der Wheatstone-Brücke große Vorteile durch die Möglichkeit eines exakten Abgleichs der Ohmschen Wirk- und der kapazitiven Blindkomponente des Zellenwiderstandes. Die Leitfähigkeitsbrücke 11700 der Firma W. G. Pye & Co. Ltd., Cambridge/England, ist daher mit dieser Nullanzeige ausgerüstet (Abb. 4). Es werden 4 umschaltbare Meßbereiche zwischen 10 Megohm und 0,1 Ohm entsprechend 0,1 μS und 10 Siemens angegeben. Bei den

[1]) Siehe dazu auch J. Schuppan: „*Theorie und Meßmethoden der Konduktometrie*", Abschnitt 2.2.1.1.

beiden ersten Meßbereichen 0,1 μS bis 10 μS und 10 μS bis 1000 μS wird eine Meßfrequenz von 300 Hz verwendet, während sie bei den anderen zwei Meßbereichen 1000 μS bis 0,1 S und 0,1 S bis 10 S automatisch auf 5000 Hz erhöht wird. Es kann eine höchste Meßgenauigkeit von ±0,2% erreicht werden. In Ergänzung der direkten Messung der Leitfähigkeit kann die Brücke auch

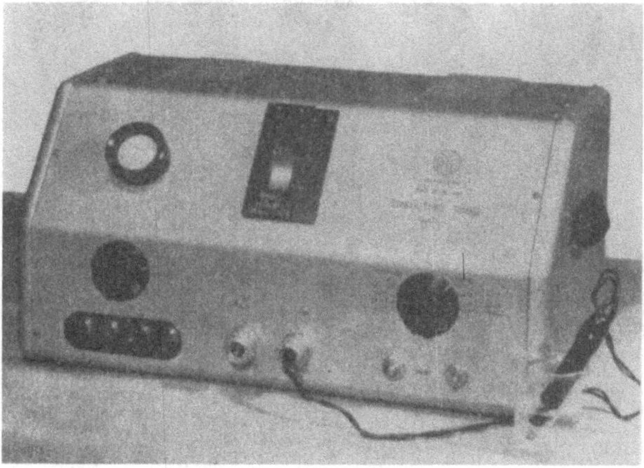

Abb. 4. Leitfähigkeitsbrücke 11700
(*Hersteller:* Pye & Co. Ltd., Cambridge/England)

zur Vergleichsmessung mit zwei Meßzellen betrieben werden. Es ist dadurch auch möglich, mit einer Standardzelle andere Meßzellen zu eichen. Der Meßbereichsschalter stellt die Brückenschaltung automatisch entweder für Absolutmessungen oder für Differenzmessungen um. Das Verhältnis G_x/G_y kann dabei von 10 : 1 bis 1 : 10 geändert werden. Diese Meßbrücke ist für alle Leitfähigkeitsmessungen im Labor sehr gut geeignet.

Für allgemeine Labormessungen haben sich direktanzeigende Meßgeräte gut bewährt, wenn sie auch meist nicht die Genauigkeit der abgeglichenen Wheatstone-

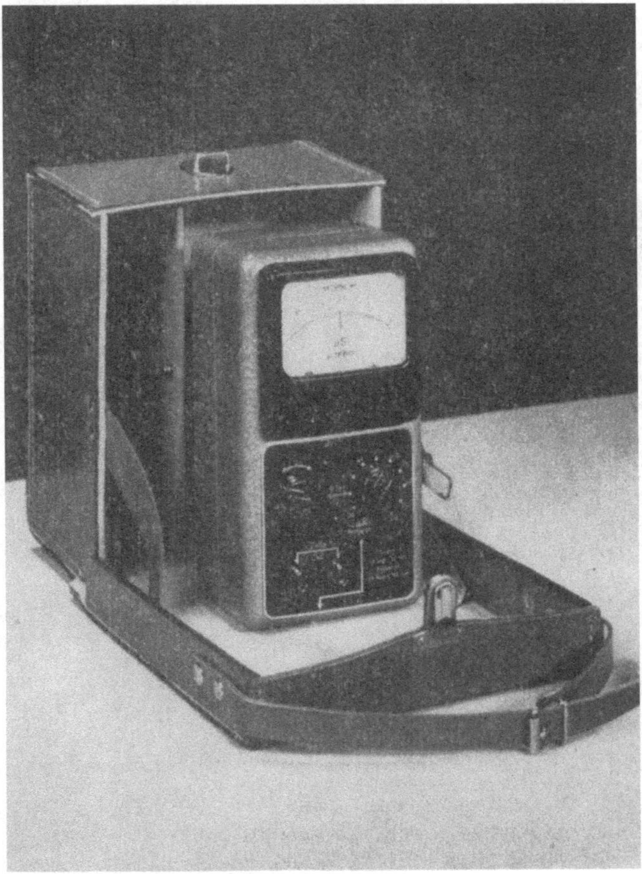

Abb. 5. Taschen-Leitfähigkeitsmesser Type LF 54
(*Hersteller:* Wissenschaftlich-Technische Werkstätten GmbH, Weilheim/Obb./BRD)

Brücke erreichen und auch oft unlineare Skalen besitzen. Man findet sowohl Meßgeräte mit Ausschlagbrückenschaltung wie solche mit Spannungsteilerschaltung und Strom-Spannungsmessung. Man findet sowohl einfachste Taschenmeßgeräte als auch Präzisionsmeßgeräte mit verschiedenen Zusatzeinrichtungen.

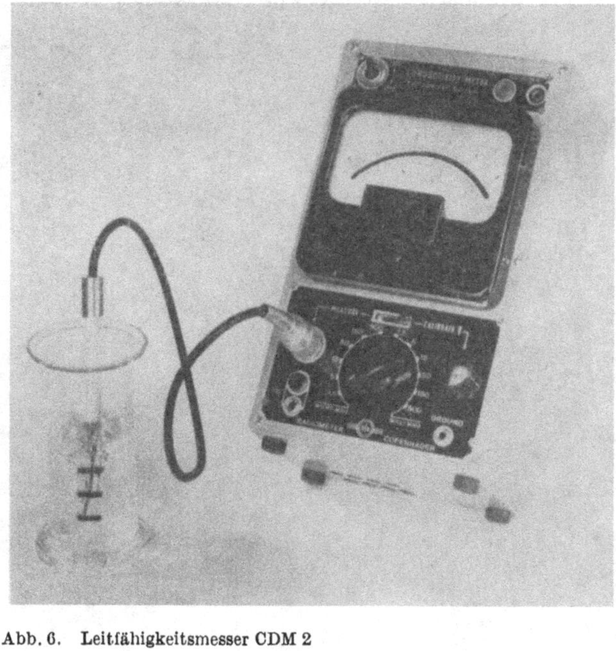

Abb. 6. Leitfähigkeitsmesser CDM 2
(*Hersteller:* Radiometer, Kopenhagen/Dänemark)

Der Taschen-Leitfähigkeitsmesser LF 54 (Hersteller: Wissenschaftlich-Technische Werkstätten, Weilheim/Obb./BRD) besitzt den großen Vorteil, Messungen im Labor, im Betrieb und im Gelände unabhängig vom Stromnetz zu gestatten, da er einen eingebauten Akku besitzt, der 30 Stunden Dauerbetrieb bzw. ca. 6 Wochen normalen Meßbetrieb ermöglicht. Das Gerät ist transistorisiert und hat eine Meßgenauigkeit von $\pm 2\%$ in allen 8 Meßbereichen, die zwischen 10000 μS und 0,3 μS im Verhältnis 1:3 gestuft und daher stark überlappt sind (Abb. 5).

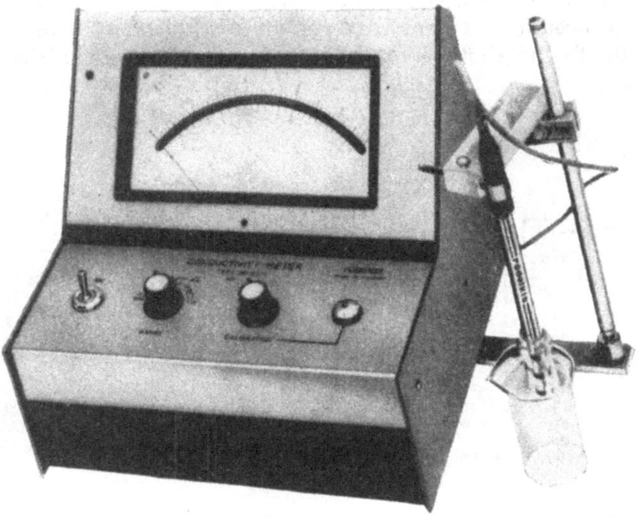

Abb. 7. Konduktometer OK 102
(*Hersteller:* Radelkis, Budapest/VR Ungarn)

Typische Labormeßgeräte mit direkter Anzeige sind der Leitfähigkeitsmesser CDM 2 der Firma Radiometer, Kopenhagen/Dänemark (Abb. 6), das Leitfähigkeitsmeßgerät LM 301 von VEB Hydromat, Dresden-Bannewitz, das Konduktometer Typ OK 102/1 von Radelkis, Budapest/VR Ungarn (Abb. 7), das Konduktometer II von Labortorni pristroje n. p./ČSSR und das Konduktometer KT 3 der Firma Kuntze, Düsseldorf/BRD. Da bei all diesen Geräten die Spannungsteiler-Schaltung verwendet wird und sie einander schaltungstechnisch ziemlich ähnlich sind, soll hier nur als Beispiel das erste der oben angeführten Geräte beschrieben werden.

Abb. 8 stellt das Funktionsschema des Leitfähigkeitsmessers CDM 2 dar. Die Meßspannung von 0,2 Volt wird in Oszillator (*1*) erzeugt und dem Meßkreis zugeführt. Die Frequenz beträgt bei Leitwerten $\varkappa < 150\,\mu S \cdot cm^{-1}$ 70 Hz und bei höheren Leitwerten 3000 Hz. Der Meßkreis besteht aus einer Hintereinanderschaltung von Meßzelle (*2*) und Meßwiderstand (*3*). Letzterer ist umschaltbar

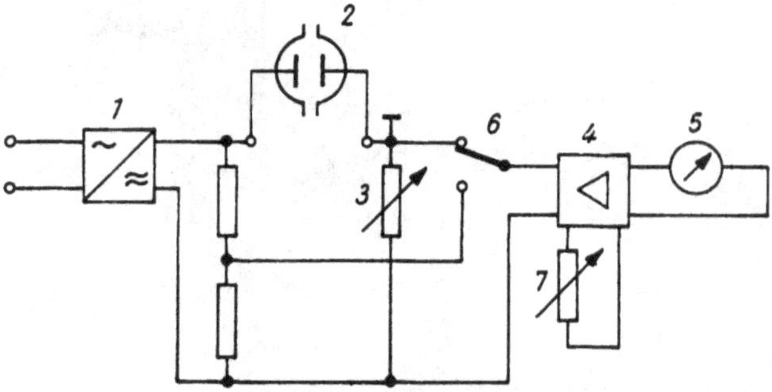

Abb. 8. **Funktionsschema des Leitfähigkeitsmessers CDM 2**

ausgeführt und bestimmt mit seinem Wert den Meßbereich. Mit einem Verstärker (*4*) wird die am Meßwiderstand abfallende Spannung, die ein direktes Maß für den Meßzellenleitwert ist, verstärkt und am Anzeigeinstrument (*5*) angezeigt.

Voraussetzung für eine exakte Anzeige des Leitwertes am Meßinstrument ist die genügende Stabilität der Oszillatorspannung. Diese läßt sich bequem überprüfen, da mit einem Schalter (*6*) eingebaute Normalwiderstände eingeschaltet und gemessen werden können. Eventuelle Abweichungen von einer Eichmarke lassen sich mit einem Eichpotentiometer (*7*) korrigieren.

Das Gerät besitzt 12 Meßbereiche, von denen der kleinste 0—1,5 μS und der größte 0—500 mS ist. Aus dem am Gerät abgelesenen Leitwert wird die spezifische Leitfähigkeit der Meßlösung bei der Meßtemperatur durch Multiplikation mit der Zellkonstante der Meßzelle erhalten. Die Meßgenauigkeit wird mit $\pm 1\%$ in den Bereichen 0—50 μS bis 0—150 mS und mit $\pm 2\%$ in den anderen Bereichen angegeben. Ein Registriergerät kann angeschlossen werden. Bei Dauermessungen muß allerdings die Temperatur konstant gehalten werden, da das Gerät keine Temperaturkompensation besitzt.

Für die konduktometrische Titration werden direktanzeigende Leitfähigkeitsmeßgeräte vorgezogen, da mit einem Gerät, das nach jeder Reagenzzugabe abgeglichen werden muß, das Titrieren etwas umständlich ist. Da die Empfindlichkeit der Brücken mit Handabgleich oft für konduktometrische Titrationen nicht ausreicht, zieht man Geräte vor, die eine Empfindlichkeitsanpassung und eventuell auch einen beliebig wählbaren Brückennullpunkt besitzen. Im Abschn. 3. wird zu diesen speziellen Fragen noch Stellung genommen und derartige Titriergeräte werden beschrieben.

Eine kritische Betrachtung der verschiedenen in diesem Abschnitt beschriebenen Labormeßgeräte ergibt, daß es nicht möglich ist, einer bestimmten Meßschaltung den Vorzug zu geben. Vielmehr haben alle sowohl ihre Vorteile als auch ihre Nachteile. Man wird je nach Meßaufgabe auf ein speziell dazu geeignetes Meßgerät zurückgreifen müssen. Das trifft noch mehr für die im nächsten Abschnitt zu behandelnden Betriebsmeßgeräte zu, da hier außerdem noch die Kosten für die Anschaffung und die Wartung der Meßanlagen hinzukommen. Da der gerätetechnische Aufwand hauptsächlich von der geforderten Genauigkeit und Vielseitigkeit und damit von der gewählten Schaltung des Meßgerätes abhängt, wird man für die Betriebskontrolle Geräte wählen, die den Anforderungen der Meßaufgabe entsprechen und deren Aufwand damit vertretbar ist.

1.2. Betriebsmeßgeräte

Man findet unter den Betriebsmeßgeräten ebenso wie unter den Labormeßgeräten die verschiedensten Schaltungsvarianten. Es gibt dabei sowohl Geräte, die recht vielseitig eingesetzt werden können, wie auch solche, die für einen sehr speziellen Verwendungszweck entwickelt wurden. Im folgenden werden einige dieser Meß- und Regelgeräte behandelt. Es soll dabei die Nutzbarmachung der an sich verschiedenen Möglichkeiten der Leitfähigkeitsmessung für die technische Betriebskontrolle durch die einzelnen Gerätehersteller gezeigt werden. Wie bei den Laborgeräten ist auch hier die getroffene Auswahl der Geräte kein Werturteil.

Von allen Grundschaltungen ist, wie mehrfach ausgeführt, die abgeglichene WHEATSTONE-Brücke die exakteste und leistungsfähigste. Bei Betriebsmeßgeräten wird diese Schaltungsvariante durch einen automatischen Nullabgleich der Brückenschaltung realisiert. Dies ist auch beim Leitfähigkeitsmeßgerät LF 3 (Hersteller: Forschungsinstitut Meinsberg, Waldheim/Sa.) der Fall. Dieses volltransistorisierte Betriebsmeßgerät ist besonders zur Messung sehr geringer elektrolytischer Leitfähigkeiten geeignet und wird daher bevorzugt in Vollentsalzungsanlagen und zur Speisewasser- und Kondensatkontrolle in Wärmekraftwerken eingesetzt [3].

Das Prinzipschaltbild des Leitfähigkeitsmeßgerätes LF 3 zeigt Abb. 9. Der Meßzellenwiderstand R_X bildet mit einem Temperaturausgleichswiderstand R_T, einem meßbereichsbestimmenden Widerstand R_M und dem Brückenabgleichswiderstand R_A eine WHEATSTONE-Brücke. Bei Störung des Brückengleichgewichtes durch Änderung von R_x wird der in der Brückendiagonale auftretende Querstrom als Eingangssignal auf einen phasenempfindlichen Wechselstromverstärker gegeben. Entsprechend der Phasenlage der Verstimmung betätigt der durch die Verstärkerendstufe gesteuerte Ferraris-Stellmotor den Brückenabgleichwiderstand so lange, bis die Brücke wieder abgeglichen ist. Die Stellung des Schleifers des Abgleichwiderstandes ist ein Maß für den unbekannten Zellenwiderstand. Zur Meßwertanzeige werden ein mit dem Abgleichwiderstand gleichlaufendes Präzisions-Meßpotentiometer und eine Konstantstromquelle ver-

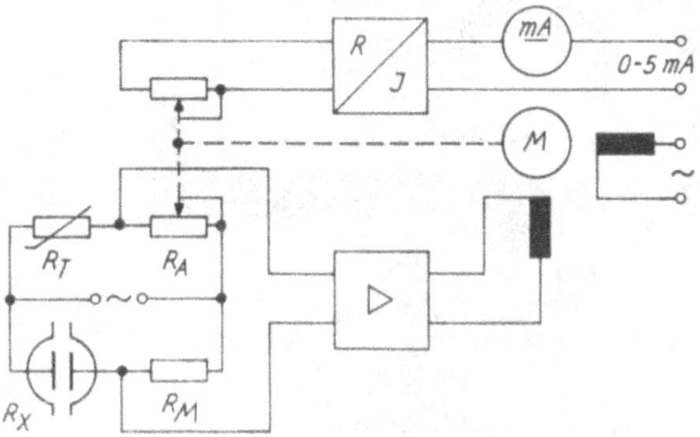

Abb. 9. Prinzipschaltbild des Leitfähigkeitsmeßgerätes Type LF 3

wendet. Das Ausgangssignal des Leitfähigkeitsmeßgerätes ist 0—5 mA, wobei die elektrische Anzeige linear und dem Leitwert streng proportional ist.

Die Speisung der Meßbrücke erfolgt mit Wechselspannung 4 V, 50 Hz. Das ist möglich, weil der Einsatz des Gerätes auf die Messung niedriger und mittlerer Leitfähigkeiten beschränkt bleibt (Meßumfang 0,05 bis 4000 $\mu S \cdot cm^{-1}$). Der Brückenwiderstand R_T sorgt für die Kompensation der Temperaturabhängigkeit der spezifischen Leitfähigkeit. Jede durch Temperatureinfluß bewirkte Änderung des Meßzellenwiderstandes wirkt sich nicht als Störung des Brückengleichgewichtes aus, da sich der Temperaturausgleichswiderstand entsprechend ändert. Bekanntlich ist der Temperaturkoeffizient der spezifischen Leitfähigkeit vom Elektrolyten abhängig und kann sehr verschiedene Werte annehmen. Die

a)

Temperaturausgleichsanordnung wird auf den Wert des Temperaturkoeffizienten von verdünnter NaCl-Lösung geeicht. Das ist vertretbar, da das Leitfähigkeitsmeßgerät speziell zur Messung niedriger Leitfähigkeiten bestimmt ist und in diesem Gebiet der Temperaturkoeffizient von verdünnter NaCl-Lösung als guter Mittelwert angesehen werden kann.

Mit Hilfe des meßbereichsbestimmenden Widerstandes R_M kann der Meßbereich der Meßbrücke verändert werden. Der eingebaute Meßbereichsumschalter gestattet es, das Leitfähigkeitsmeßgerät auf 8 verschiedene sich über-

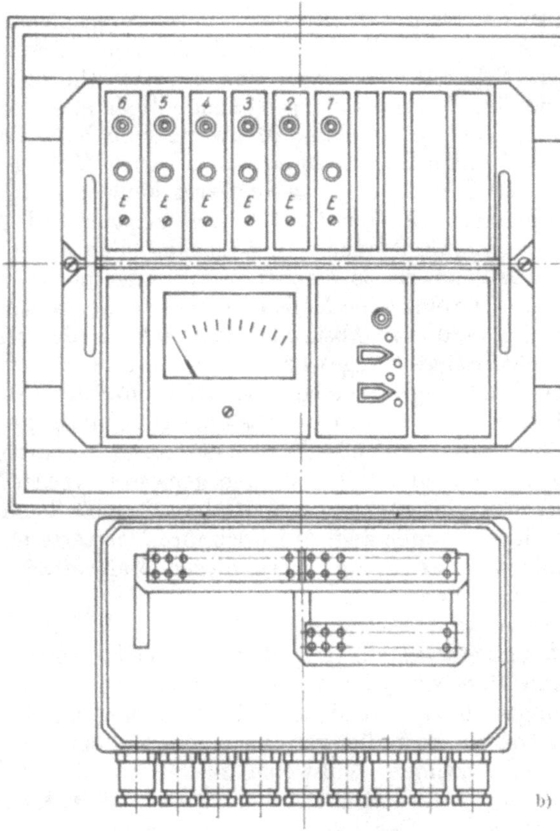

Abb. 10. **Leitfähigkeitsmeßgerät Type LF 3 für 6 Meßstellen** (*Hersteller*: Forschungsinstitut Meinsberg/Sa.)

schneidende Meßbereiche einzustellen. Die Abgleicheinrichtung für den Brückenabgleich hat eine Ansprechempfindlichkeit von $\pm 0{,}2\%$. Dabei ist die Abgleichzeit kleiner als 1 Sekunde. Die Meßgenauigkeit des Gerätes ist besser als $\pm 1\%$, bezogen auf den Skalenendwert, die Reproduzierbarkeit des Meßwertes besser als $\pm 0{,}5\%$.

Es ist in der Betriebskontrolle vielfach nötig, gleichzeitig an mehreren Stellen die spezifische Leitfähigkeit zu messen. Sehr oft handelt es sich um ähnliche oder miteinander im Zusammenhang stehende Meßstellen, so daß es auch günstig ist, deren Meßwerte zum besseren Vergleich auf einem Registrierstreifen zu haben. Um nun nicht für jede Meßstelle ein gesondertes Meßgerät einsetzen zu müssen, kann das Leitfähigkeitsmeßgerät LF 3 wahlweise auch mit 3 oder 6 Meßbrückenteilen ausgestattet werden, an die je eine Meßstelle angeschlossen werden kann. Die einzelnen Meßstellen werden periodisch gemessen. Sie werden in Abständen von 20 Sekunden an die Abgleichautomatik angeschaltet. Dies wird von dem am Anzeigekreis angeschlossenen Mehrfarben-Fallbügel-Punktschreiber durch dessen Meßstellenumschalter gesteuert. Bei einem 6-Meßstellen-Gerät kann dadurch jede Meßstelle nur alle 120 Sekunden gemessen werden. Die meisten zu überwachenden Leitfähigkeitsmeßstellen in der Betriebskontrolle ändern jedoch ihre Meßwerte im Normalfall so langsam, daß man diesen Meßwertzeitabstand in Kauf nehmen kann.

Bei Geräten mit mehreren Meßbrückenteilen kann jede Leitfähigkeitsmeßzelle individuell eingeeicht werden. Auch kann der Meßbereich jedes Brückenteils ganz beliebig eingestellt sein. Lediglich bei der Auswertung der Registrierstreifen sind die verschiedenen Meßbereichsfaktoren der einzelnen Meßstellen zu berücksichtigen.

Abb. 10 zeigt das Leitfähigkeitsmeßgerät LF 3. Man erkennt, daß sich das Gerät aus einzelnen steckbaren Bausteinen zusammensetzt, was die Wartung bzw. Reparatur sehr erleichtert.

Auch der R14-Conductivity Indicator der Beckmann Instruments Inc., Cedar Grove, N. J./USA, benutzt als Meßprinzip die selbstabgleichende, kontinuierlich anzeigende Wechselstrom-Wheatstone-Brücke. Das Gerät hat eine große übersichtliche Anzeigeskala und kann in sehr vielen verschiedenen Meßbereichen ausgeführt werden. Die Temperaturkompensation wird entweder von

Hand oder automatisch vorgenommen. Das Gerät kann ausgerüstet werden mit 4 unabhängig voneinander einstellbaren Alarmschaltern, mit einem durch eine Spannungsquelle gespeisten gleichlaufenden Potentiometer zur Erzeugung eines 0—10 mV-Gleichstromausgangs

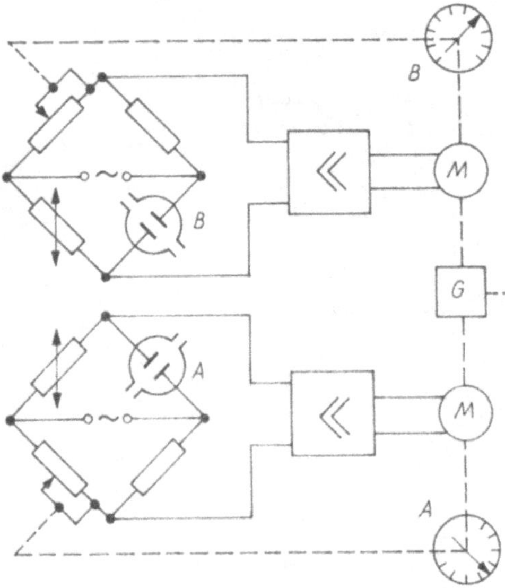

Abb. 11. Prinzipschaltbild des Differenz-Leitfähigkeitsanzeigers Type RID (*Hersteller*: Beckmann Instruments inc.; Cedar Grove N.J./USA)

zum Anschluß eines Schreibers oder mit einem pneumatischen Transmitter zum Anschluß pneumatischer Einrichtungen.

Das Gerät hat eine Abgleichzeit von weniger als 10 Sekunden über die gesamte Skala. Die Ansprechempfindlichkeit ist besser als $\pm 0,5\%$, die Meßgenauigkeit besser als $\pm 1\%$ bezogen auf Skalenendwert.

Unter der Bezeichnung RID Differential Conductivity Indicator stellt Beckmann Instruments Inc. ein

Gerät zur Messung, Anzeige und Registrierung der Differenz der elektrolytischen Leitfähigkeit von zwei verschiedenen Meßpunkten her. Das Gerät enthält zwei vollständige, voneinander unabhängige selbstabgleichende WHEATSTONE-Brücken (s. Prinzipschaltbild Abb. 11). Die Wellen der Abgleichpotentiometer beider Brücken

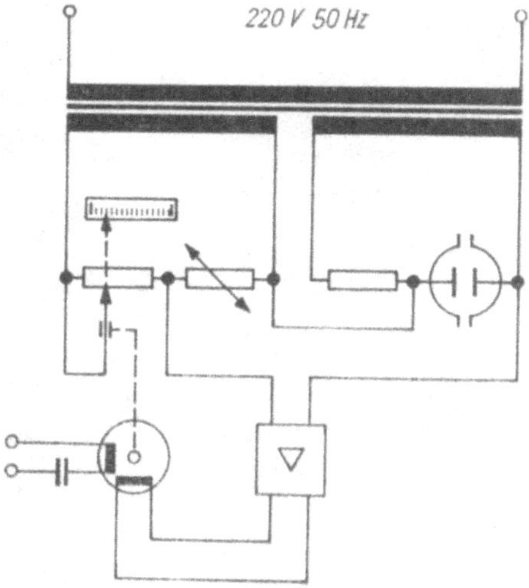

Abb. 12. Meßschaltung der Wösthoff-Kompensationsgeräte

sind mit je einem Zeiger versehen, so daß die Leitfähigkeiten der beiden Meßstellen *A* und *B* auf zwei getrennten Skalen direkt abgelesen werden können. Die Differenz der beiden Leitfähigkeiten wird mechanisch durch ein Getriebe *C* gebildet und auf einer dritten Skala angezeigt. Die Anzeige erfolgt in μmho · cm^{-1} und ist auf 25 °C korrigiert. Sie ist unabhängig von einem eventuellen Temperaturunterschied der beiden Meßstellen, da jede Meßbrücke eine getrennte Temperaturkompensation erhält.

Ähnlich präzise Messungen wie mit selbstabgleichenden WHEATSTONE-Brücken lassen Wechselstrom-Kompensations-Schaltungen zu, wie sie bei den Betriebsmeßgeräten der Firma H. Wösthoff oHG, Bochum/BRD, verwendet werden. Der Vorteil des Kompensations-Meßverfahrens ist die große Meßgenauigkeit bei gleichzeitiger Eignung für rauhen Betrieb. So können z. B. Erschütterungen, wie sie auf Schiffen auftreten, die robuste Anzeige nicht stören.

Die Grundschaltung der Kompensationsmeßgeräte für Leitfähigkeitsmessungen geht aus Abb. 12 hervor. Neben dem eigentlichen Meßkreis, der als Spannungsteiler-Schaltung anzusprechen ist, ist ein Kompensationskreis angeschaltet. Die bei Leitwertänderungen auftretende Differenzspannung wird als Steuersignal auf einen phasenempfindlichen Verstärker gegeben. Der durch diesen getriebene Nullmotor verschiebt den Abgriff des Kompensationspotentiometers solange, bis der Gleichgewichtszustand wieder hergestellt ist. Die mechanisch mit der Achse des Potentiometers gekoppelte Anzeigeeinrichtung bzw. Schreibfeder zeigt auf einer Skala den Leitwert der Meßzelle direkt an. Die Kompensation des Temperatureinflusses wird im Kompensationskreis vorgenommen, indem die Kompensationsspannung über einen temperaturabhängigen Widerstand abgegriffen wird.

Diese Schaltanordnung hat mehrere Vorteile. Einmal ist eine Stabilisierung der aus dem Netz entnommenen Speisespannung des Meßkreises nicht erforderlich, da die Spannung des Kompensationskreises dem gleichen Transformator entnommen wird und Spannungsschwankungen in beiden Kreisen in gleicher Weise auftreten und sich so gegenseitig aufheben. Zum zweiten bietet die Schaltung die Möglichkeit, durch entsprechende Auslegung des Kompensationskreises entweder völlige Linearität der Leitwertanzeige zu erreichen oder ganz beliebige Skalencharakteristiken ausbilden zu können. Dies ist besonders dann wertvoll, wenn kein linearer Zusammenhang zwischen der Leitfähigkeit und der Konzentration des interessierenden Stoffes besteht, eine lineare Skalen-

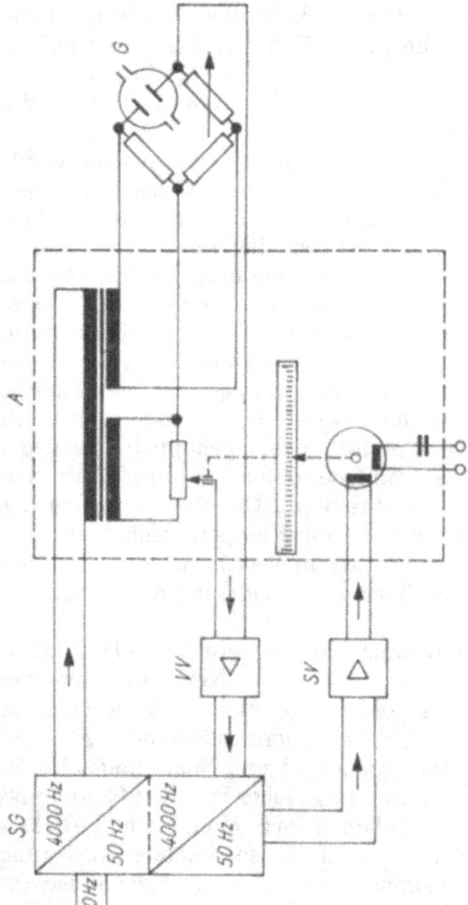

Abb. 13. Schaltanordnung der Wösthoff-Kompensationsgeräte bei einer Meßfrequenz von 4000 Hz

teilung jedoch aus meßtechnischen Gründen gefordert wird.

Die bei dem eben beschriebenen Verfahren angewendete Meßfrequenz von 50 Hz setzt — gegen höhere Leitfähigkeiten zu — aus bekannten Gründen eine natürliche Grenze für diese Kompensationsschaltung, die auch durch Verwendung von platinierten Platinelektroden nicht beseitigt werden kann. Muß daher eine höhere Meßfrequenz verwendet werden, sind die Meßgeräte mit einer Kompensationsschaltung nach Abb. 13 ausgerüstet.

Der Meßkreis wird hier durch eine WHEATSTONE-Brücke gebildet, die den Meßzellenwiderstand und den Temperaturausgleichswiderstand enthält. Gespeist wird die Brücke über einen Transformator mit einer Frequenz von 4000 Hz. Diese Frequenz wird in einem mit Synchrongenulator bezeichneten Generator erzeugt und über den gleichen Transformator auch dem Kompensationskreis zugeführt. Die Diagonalspannung der Meßbrücke wird der Kompensationskreisspannung gegengeschaltet und die bei Leitwertänderungen auftretende Differenzspannung auf einen Vorverstärker gegeben. Im Synchrongenulator wird die Rückübersetzung von 4000 Hz auf 50 Hz vorgenommen und über den Standardverstärker der automatische Nullabgleich in bekannter Weise erreicht.

Auch für diese Schaltanordnung gilt all das, was als Vorteil bei der 50 Hz-Kompensationseinrichtung gesagt wurde. Bei beiden Gerätetypen können die Kompensationseinrichtungen mit Fernsendern versehen werden, die mit Konstantspannungsquellen gespeist werden und eine Übertragung der Meßwerte auf Anzeiger, Schreiber oder Regler ermöglichen.

Der in Abb. 14 dargestellte Industrieleitfähigkeitsmesser, Type LF 301 R, (Hersteller: Wissenschaftlich-Technische Werkstätten, Weilheim/Obb./BRD) hat durch seine sonst nur bei Laborgeräten übliche Ausstattung den Vorteil, daß er an das jeweilige Meßproblem angepaßt

Abb. 14. Industrie-Leitfähigkeitsmesser Type LF 301 R
(*Hersteller:* Wissenschaftlich-Technische Werkstätten GmbH, Weilheim/Obb./BRD)

werden kann. Das Gerät arbeitet als direktanzeigende Meßbrücke, die über einen magnetischen Konstanthalter wahlweise mit Netzfrequenz 50 Hz oder mit 3 kHz über einen Oszillator gespeist werden kann. Der Meßbereichsumfang von 0,1 bis 30000 μS ist in 8 Einzelbereiche eingeteilt, von denen jeder eine Zehnerpotenz der Leitfähigkeit überstreicht. Sie sind im Verhältnis 1:3 gestuft, so daß eine gute Überlappung erzielt wird.

Vorteilhaft kann es auch sein, daß das Gerät die Möglichkeit bietet, für jeden eingestellten Meßbereich die Meßempfindlichkeit in den Faktoren x 1, x 3 und x 10 zu verändern. Weiterhin kann ein Abgleich der Blindkomponente durchgeführt und ein Außennormal angeschlossen werden.

Das Gerät kann wahlweise mit oder ohne Temperaturkompensation betrieben werden. Die maximale Meßgenauigkeit beträgt $\pm 2\%$. Ein Drehspulschreiber kann angeschlossen werden.

Selbstverständlich werden auch einfachere Betriebsmeßgeräte mit sogenannten Ausschlag-Brückenschaltungen angeboten. So liegt der Leitfähigkeitsmeßeinrichtung LM 101 vom VEB Hydromat, Dresden-Bannewitz, eine Meßbrücke in Differenzschaltung zugrunde. Sie wird in der Hauptsache zur Messung und laufenden Kontrolle von Kondensat und Kesselspeisewasser im Leitfähigkeitsmeßbereich von 0—2000 $\mu S \cdot cm^{-1}$ eingesetzt.

Wie das vereinfachte Funktionsschema (Abb. 15) zeigt, erfolgt die Speisung der Differenzbrücke direkt aus dem Netz über einen Netzspannungswandler (W). Die Meßbrücke selbst ist für einen bestimmten Meßbereich fest abgeglichen, so daß die Leitfähigkeitsmessung nach einem Brückenausschlagsverfahren erfolgt. Wie bereits ausgeführt wurde, hat eine solche Methode neben einer unlinearen Skalenteilung als weiteren Nachteil, daß die Anzeige von Schwankungen der Speisespannung direkt abhängig ist. Aus diesem Grunde ist auch der Netzspannungswandler des LM 101 als magnetischer

Spannungskonstanthalter ausgeführt. Damit haben Netzspannungsschwankungen von $\pm 10\%$ und Frequenzschwankungen von $\pm 3\%$ keinen merkbaren Einfluß auf das Meßergebnis.

In der Brücke selbst ist in dem einen Zweig die Leitfähigkeitsmeßzelle R_X (konzentrisch angeordnete Elektroden aus nichtrostendem Edelstahl) und in dem zweiten

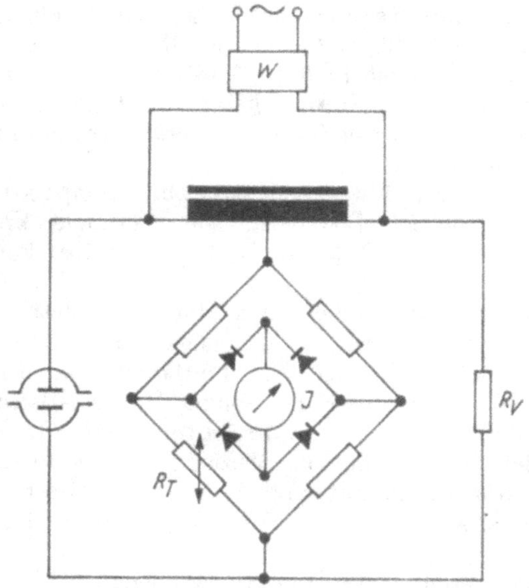

Abb. 15. Funktionsschema der Leitfähigkeitsmeßeinrichtung LM 101

Zweig ein Festwiderstand R_V geschaltet. Die Messung selbst beruht auf dem Vergleich der Widerstände der beiden Brückenzweige. Im Meßzweig der Brücke liegt eine Kompensationsbrücke, die den zur Kompensation der Temperaturabhängigkeit der spezifischen Leitfähigkeit nötigen temperaturabhängigen Widerstand R_T enthält. Der geringere Temperaturkoeffizient des Widerstandsthermometers wird dadurch an die Temperaturfunktion der Meßlösung angepaßt und eine temperaturkorrigierte Anzeige erreicht. Als Meßgeräte können wahlweise Anzeigeinstrumente, Registriergeräte oder auch Tastbügelregler mit Drehspulmeßwerk angeschlossen werden. Die Meßeinheit (Wandler und Brücke) ist im Normalfall in ein Gußgehäuse eingebaut (Abb. 16).

Abb. 16. Leitfähigkeits-Meßeinrichtung LM 101, Meßeinheit im Gußgehäuse (*Hersteller:* VEB Hydromat, Dresden-Bannewitz)

In der Normalausführung liefert der VEB Hydromat die Leitfähigkeits-Meßeinrichtungen LM 101 mit der Skalenangabe mg/l NaCl. Somit wird auch der Eichung das Kochsalz als Neutralsalz mittlerer Leitfähigkeit zugrunde gelegt, obwohl das nicht exakt ist, da im Wasser selbst die verschiedensten Salze gelöst sind. Da die Einrichtung aber fast ausschließlich zur Kontrolle der Reinheit von Wasser und Dampf eingesetzt wird, ist diese Vereinfachung möglich, weil in Lösungen geringer Konzentration praktisch linearer Zusammenhang zwischen Konzentration und Leitfähigkeit besteht und das NaCl entsprechend den Verhältnissen einen guten Mittelwert darstellt. Auf besonderen Wunsch erfolgt die Skaleneichung auch in $\mu S \cdot cm^{-1}$, was vom meßtechnischen Standpunkt aus immer als richtiger anzusehen ist.

Die mit $\pm 8\%$ vom Skalenwert genannte maximale Meßunsicherheit für reine NaCl-Lösungen innerhalb des zulässigen Temperaturbereiches erscheint auf den ersten Blick recht hoch. Das Gerät ist aber ein reines Betriebsgerät und gibt, ohne daß allzu großer Aufwand getrieben wird, dem Bedienungspersonal im Betrieb eine einfache Kontrollmöglichkeit über den Leitwertverlauf mit einer für die meisten Fälle noch ausreichenden Genauigkeit.

Bei allen Leitfähigkeitsmeßproblemen, bei denen eine größere Genauigkeit gefordert wird oder bei denen der beim LM 101 kleinste Meßbereich 0—12 $\mu S \cdot cm^{-1}$ nicht ausreicht, muß auf ein geeignetes anderes Meßgerät z. B. das Leitfähigkeitsmeßgerät LF 3 vom Forschungsinstitut Meinsberg zurückgegriffen werden.

Wie bei der Leitfähigkeitsmeßeinrichtung LM 101 hat sich die Trennung des eigentlichen Meßgerätes in einen Leitfähigkeitsmeßzusatz und die Anzeigeinstrumente für den rauheren Betriebseinsatz als besonders günstig erwiesen. Der Meßzusatz enthält die Meßspannungserzeugung, die Meßschaltung und die Temperaturausgleichsanordnung. Er ist meist als staub- und spritzwasserdichtes Stahlblech- oder Gußgehäuse ausgeführt und kann nahe dem Meßort angebracht werden. Das ist günstig, da sich längere Meßleitungen zwischen Geber und Meßgerät oft als nachteilig erweisen. Das Anzeigeinstrument kann ein normales Schalttafelinstrument, aber auch ein Schreiber oder Regler sein. Seine Installation erfolgt meist in einer Meßwarte, wobei die Entfernung zum Meßzusatz völlig unkritisch ist.

Wie andere Firmen hat auch die Firma Siemens & Halske AG, Karlsruhe/BRD, ihre Leitfähigkeitsmesser in der eben beschriebenen Art und Weise ausgelegt. Es werden je nach dem Meßbereich verschiedene Meßschaltungen angewandt. So wird bei den Leitfähigkeitsmessern für niedrige und niedrigste Konzentrationen — das sind die Bereiche zwischen 0—1,5 und 0 bis 600 mg/l NaCl — die Strom-Spannungsmessung ver-

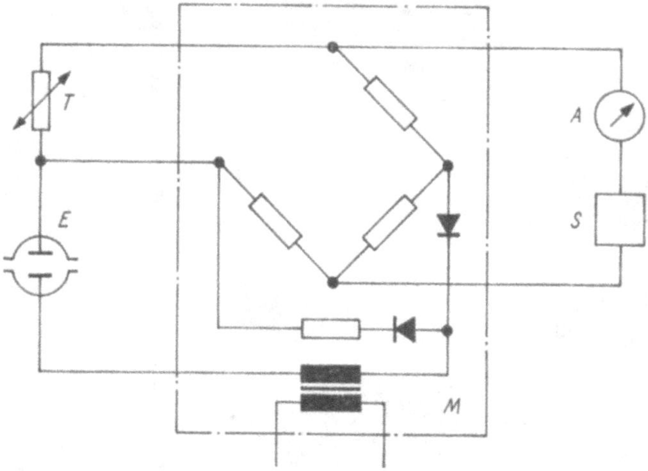

Abb. 17. Meßschaltung der Siemens-Leitfähigkeitsmesser für niedrige und niedrigste Konzentrationen

wendet, wie das im Schaltbild (Abb. 17) dargestellt ist. Die Meßspannung wird über einen magnetischen Konstanthalter dem Wechselstromnetz entnommen und ist damit von Netzspannungsschwankungen unabhängig. Der Meßstrom durchfließt die Meßzelle *E* und eine Brückenschaltung. Das Widerstandsthermometer *T* zum Temperaturausgleich bildet darin einen Brückenzweig. Nur eine Halbwelle des die Meßzelle durchfließenden Wechselstromes wird über die temperaturabhängige

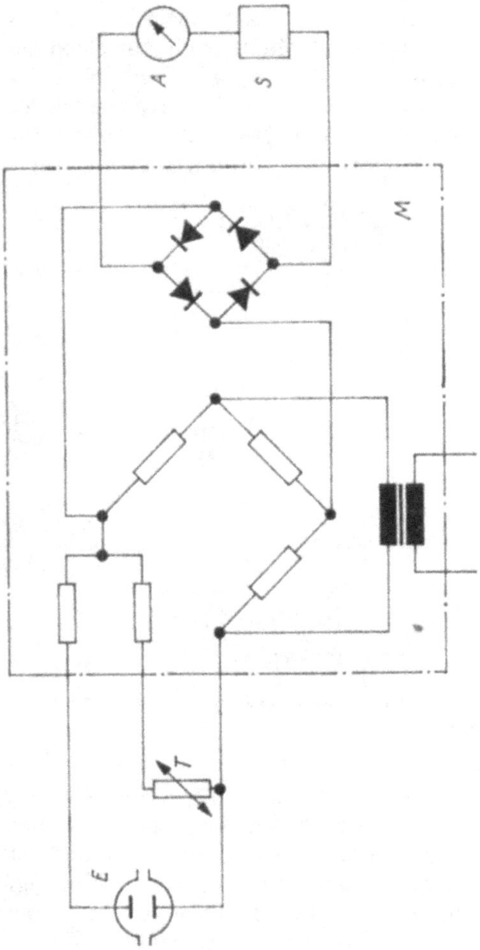

Abb. 18. Meßschaltung der Siemens-Leitfähigkeitsmesser für mittlere und höhere Konzentrationen

Brücke geleitet, da noch ein Einweggleichrichter in den Stromkreis geschaltet ist. Die zweite Halbwelle wird über einen entgegengesetzt geschalteten Gleichrichter und einen Widerstand geleitet, dessen Wert dem aus der Brückenschaltung resultierenden Widerstand entspricht. Man erreicht dadurch, daß zwar die Meßzelle von Wechselstrom durchflossen wird und so Polarisationserscheinungen vermieden werden, daß aber die Brücke von einer der Leitfähigkeit verhältnisgleichen Spannung gespeist wird. Die Brückenschaltung ermöglicht es, den niedrigen Temperaturkoeffizienten des Metallwiderstandsthermometers an den höheren Temperaturkoeffizienten des Elektrolyten anzupassen, so daß der Diagonalstrom in der Brücke in einem bestimmten Temperaturbereich die Leitfähigkeit temperaturberichtigt wiedergibt. Der Kompensationsbereich umfaßt jeweils 40 bis 50 °C.

Für mittlere und höhere Konzentrationen — das sind Meßbereiche mit unterdrücktem Nullpunkt z. B. 200 bis 1000 mg/l NaCl und solche, die bis $\varkappa = \infty$ ausgelegt sind — wird eine Ausschlagbrückenschaltung nach Abb. 18 verwendet. Ein magnetischer Spannungskonstanthalter speist eine WHEATSTONE-Brücke mit Netzfrequenz. Leitfähigkeitsgeber und Widerstandsthermometer liegen parallel geschaltet in einem Brückenzweig, wobei durch geeignete Vorwiderstände die beiden verschieden großen Temperaturkoeffizienten einander so angepaßt werden, daß ein Zweipunkttemperaturabgleich erreicht wird.

In den letzten Jahren sind die Anforderungen an die Leitfähigkeitsmeßeinrichtungen vor allem dadurch sehr erhöht worden, daß durch die neuen Methoden der Wasseraufbereitung Wasserqualitäten erreicht wurden, deren Überwachung mit den herkömmlichen Meßeinrichtungen auf Schwierigkeiten stößt, da die Meßbereiche nicht klein genug sind bzw. die Meßgenauigkeit nicht genügt.

Das trifft auch auf die eben beschriebenen Meßzusätze zu, so daß von der Firma Siemens & Halske AG neue Einheitsmeßzusätze entwickelt wurden, die die bisherigen Geräte ersetzen [4].

Als Grundschaltung dient eine temperaturberichtigte Spannungsteilerschaltung nach Abb. 19. Eine konstante Wechselspannung *U* bewirkt einen Stromfluß durch eine Leitfähigkeitsmeßzelle — Elektrode *E* — und einen mit ihr in Reihe liegenden temperaturabhängigen Halb-

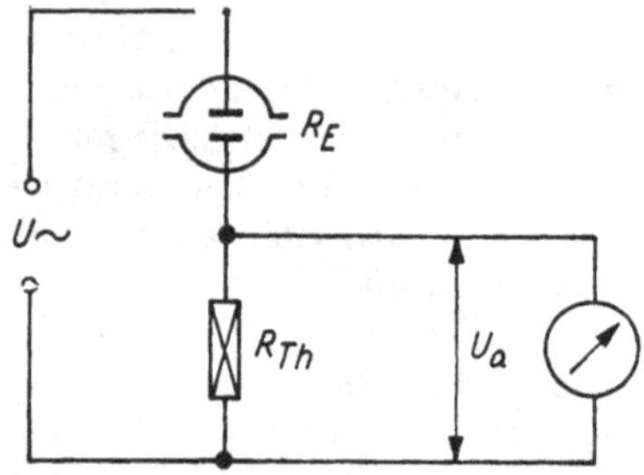

Abb. 19. Grundschaltung für eine temperaturberichtigte Leitfähigkeitsmessung

leiterwiderstand — Thermometer *Th* —. Dabei muß der Widerstand des Thermometers R_{Th} klein gegen den Meßzellenwiderstand R_E sein. Hat das Thermometer durch entsprechende Anpassung die gleiche Temperaturfunktion wie die Meßlösung, so ist der Spannungsabfall U_a am Thermometer nur von der spezifischen Leitfähigkeit der Meßlösung abhängig. Veränderungen der Leitfähigkeit durch die Temperatur gehen nicht in die Messung ein. Ein Anzeigeinstrument kann direkt in $\mu S \cdot cm^{-1}$ geeicht werden und gibt den Leitwert bei der Bezugstemperatur — meist 20 °C — an. Die Skalencharakteristik ist dabei linear.

Die auf dieser Grundschaltung beruhende Meßschaltung des Einheitsmeßzusatzes zeigt Abb. 20 in vereinfachter Form. Man kann drei Stromkreise unterscheiden

a) Stromkreis zur Erzeugung der konstanten Speisespannung
b) Elektrodenstromkreis
c) Temperaturkompensations- und Anzeigestromkreis.

Die Meßspannung wird über einen Transformator *Tr 1* aus dem Netz entnommen, so daß als Meßfrequenz

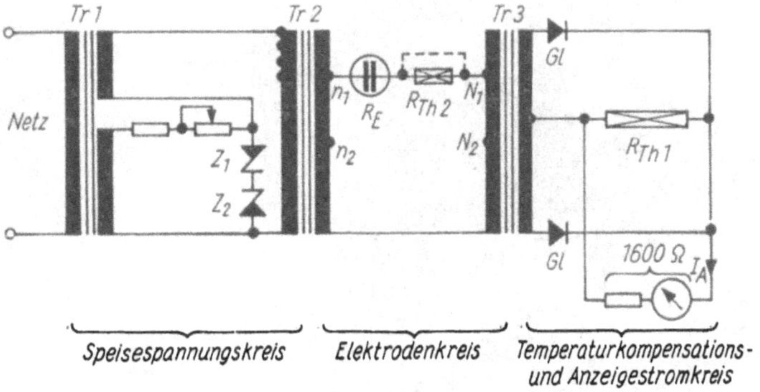

Abb. 20. Schaltung des Einheitsmeßzusatzes der Siemens & Halske AG (vereinfacht)

Tr 1 – Netztransformator; *Tr 2* – Anpassungstransformator; *Tr 3* – Stromwandler; R_E – Widerstand der Leitfähigkeitselektrode; R_{Th} *1* – Widerstand des Thermometers; R_{Rh} *2* – Temperaturabhängiger Widerstand zur Meßbereichserweiterung; I_A – Anzeigestrom; Z_1, Z_2 – Zenerdioden; *Gl* – Gleichrichter; n_1, n_2, N_1, N_2 – Windungszahlen

grundsätzlich 50 Hz verwendet wird. Die Meßspannung wird durch einen Spannungskonstanthalter, der mit zwei Zehnerdioden Z_1 und Z_2 in Spezialschaltung arbeitet, gegen Netzspannungsschwankungen stabilisiert.

Im Meßstromkreis wird der Meßzellenwiderstand R_E von dem aus dem Anpassungstransformator *Tr 2* stammenden Strom durchflossen. Zur niederohmigen Anpassung des Thermometers dient der Stromwandler *Tr 3*. Die Umschaltung der Meßbereiche durch Anschaltung der Meßzelle an die einanderzugeordneten Anzapfungen von *Tr 2* und *Tr 3* (n_1, n_2 und N_1, N_2) besorgt ein eingebauter Meßbereichsumschalter.

Der vom Stromwandler *Tr 3* abgegebene Sekundärstrom durchfließt nach Gleichrichtung mit zwei Meßgleichrichtern *Gl* die Temperaturausgleichseinrichtung

Abb. 21. Einheitsmeßzusatz, geöffnet (Werkbild Siemens & Halske AG)

R_{Th1}, die aus der Kombination eines temperaturabhängigen Halbleiterwiderstandes mit Festwiderständen besteht. Der Spannungsabfall über R_{Th1} wird gemessen, wobei eine temperaturberichtigte Anzeige dann erfolgt, wenn der Anzeigestrom I_4 durch einen Widerstand von

1600 Ω fließt. Im Meßzusatz befinden sich daher Abgleichwiderstände, die bei Verwendung mehrerer Anzeigeinstrumente einen Abgleich des Anzeigestromkreises auf diesen Wert gestatten.

Außer der in der Normalausführung linearen Skalencharakteristik kann mit dem Meßzusatz auch eine nichtlineare Charakteristik erreicht werden. Dazu wird, wie in der Meßschaltung eingezeichnet, in den Meßstromkreis in Reihe mit der Meßzelle ein temperaturabhängiger Widerstand R_{Th2} geschaltet. Hat dieser Widerstand die gleiche Temperaturfunktion wie der Meßzellenwiderstand und befindet er sich in Temperaturkontakt mit der Meßlösung, wird die durch diese Kombination erzielte nichtlineare Skalenteilung durch Temperaturänderung nicht beeinflußt. Der auswertbare Meßbereichsumfang beträgt etwa zwei Zehnerpotenzen der spezifischen Leitfähigkeit.

Der mechanische Aufbau des Gerätes entspricht rauhen Betriebsbedingungen. Die Meßeinrichtung ist in ein staub- und spritzwasserdichtes Gehäuse eingebaut. Abbildung 21 zeigt den Meßzusatz geöffnet. Die herausklappbare Leiterplatte trägt sämtliche Widerstände der Schaltung und den Meßbereichsschalter. Zusätzlich zu den Meßbereichen kann man mit diesem Schalter in drei Schaltstellungen die Funktionstüchtigkeit der ganzen Meßeinrichtung überprüfen.

Als Variante des Einheitsmeßzusatzes für Leitfähigkeitsgeber wird von Siemens & Halske AG ein Meßzusatz mit Grenzwertmelder angeboten (Abb. 22). Auf eine Anzeige des Meßwertes wird verzichtet und nur das Überschreiten einer vorwählbaren spezifischen Leitfähigkeit gemeldet. Auch bei diesem Meßzusatz verursachen Netzspannungsschwankungen und Temperaturveränderungen keine Fehler.

Während die bisher beschriebenen Meßzusätze für den Einsatz vor Ort in Wandaufbaugehäusen untergebracht waren, ist der von der Firma Mérlab, Budapest/VR Ungarn, hergestellte Leitfähigkeitsmesser KONDUKTON ein typisches Schalttafeleinbaugerät (Abb. 23). Auch hier sind im Gerät nur die Elektronik und die Bedienelemente untergebracht. während die Anzeigeinstrumente beliebig montiert werden können. Wie man aus dem

Abb. 22. Meßzusatz mit Grenzwertmelder (Werkbild Siemens & Halske AG)

Blockschema (Abb. 24) erkennen kann, arbeitet das KONDUKTON nach dem Spannungsteiler-Meßprinzip. Der Meßbereich kann beliebig zwischen 0—2 μS · cm^{-1} und 0—1000 μS · cm^{-1} gewählt werden, wobei eine Meßunsicherheit von maximal $\pm 4\%$ angegeben wird. Der Temperaturausgleich erfolgt automatisch im Bereich von +10° bis +50°C. Durch den in Festkörperschaltung aufgebauten Verstärker sowie die eingebauten

Abb. 23. Leitfähigkeits- und Salzgehaltsmesser KONDUKTON (*Hersteller:* Mérlab, Budapest/VR Ungarn)

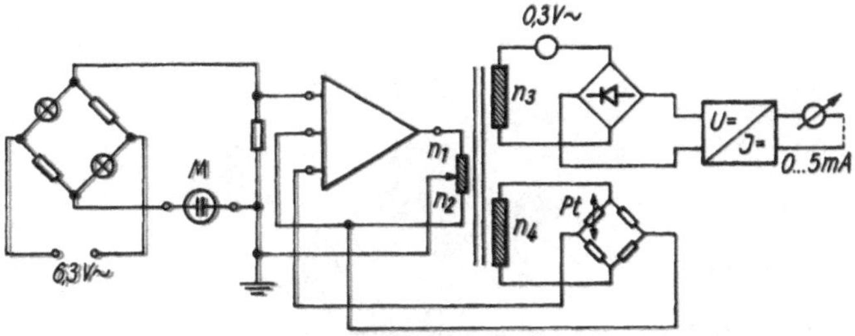

Abb. 24. Blockschema des KONDUKTON von Mérlab

Siliziumhalbleiter wird eine zuverlässige und lange Lebensdauer des Gerätes gewährleistet.

Ein Salinometer mit der Typenbezeichnung OK-201 wird von der Firma Radelkis, Budapest/VR Ungarn, angeboten. Dieses Gerät dient, wie schon der Name sagt, besonders der kontinuierlichen Messung des Salzgehaltes in dünnen Elektrolytlösungen, insbesondere in

Kesselspeisewasser. Das Gerät wird in einem luftdicht verschließbaren Metallgußgehäuse geliefert und arbeitet nach einer Spannungsteilerschaltung, welche etwa der des Konduktometers OK-102 des gleichen Herstellers entspricht (Abb. 25). Die Meßspannung wird über einen

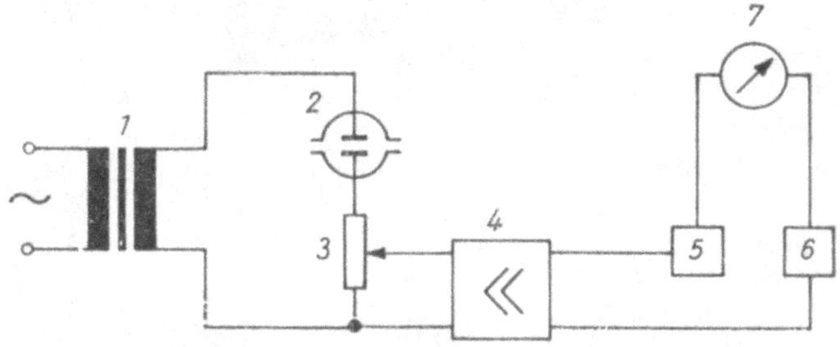

Abb. 25. Blockschaltbild des Salinometers Type OK-201 von Radelkis

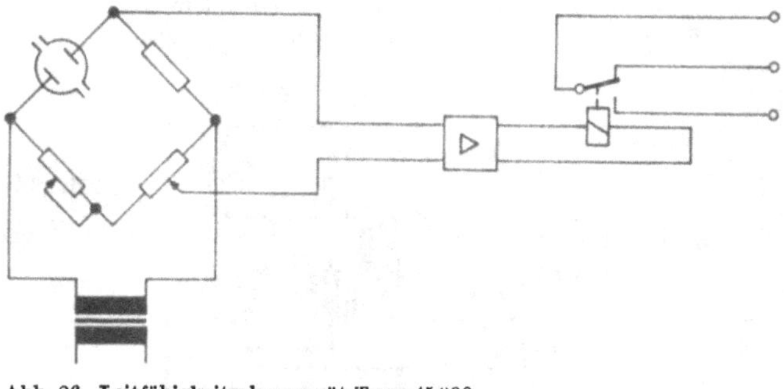

Abb. 26. Leitfähigkeitsalarmgerät Type 45000 Schaltschema

Transformator (*1*) dem Netz entnommen und der Meßzelle (*2*) zugeleitet. Am Meßwiderstand (*3*) tritt ein der Leitfähigkeit in der Meßzelle proportionaler Spannungsabfall auf, der im Verstärker (*4*) verstärkt und über einen Gleichrichter (*5*) und ein Temperaturberichtigungsglied (*6*) dem Anzeigeinstrument (*7*) — meist ein Punktschreiber — zugeführt wird.

Das Gerät kann für verschiedene Meßbereiche bis maximal 0—600 mg NaCl/l ausgelegt werden und erreicht eine Meßgenauigkeit von ±5%.

In vielen Fällen interessiert für die Überwachung eines Prozesses die tatsächliche Leitfähigkeit gar nicht, da nur ein bestimmter Grenzwert der elektrolytischen

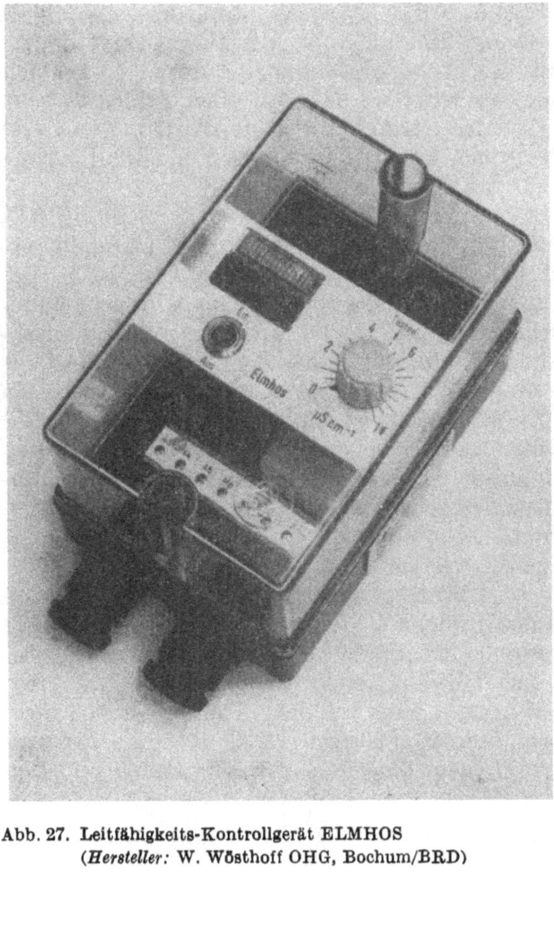

Abb. 27. Leitfähigkeits-Kontrollgerät ELMHOS
(*Hersteller:* W. Wösthoff OHG, Bochum/BRD)

Leitfähigkeit nicht überschritten werden darf. Besonders auch aus ökonomischen Gründen verzichtet man dann gern auf ein komplettes Meßgerät und begnügt sich mit einer einfacheren Überwachungseinrichtung.

Das Alarmgerät Typ 45000 von Electrofact N. V., Amersfoort/Holland, besitzt eine für 2 Dekaden ausgelegte WHEATSTONE-Brücke, deren Brückenquerstrom mehrstufig verstärkt und einem Umschaltrelais zugeführt wird (Abb. 26). Bei Überschreitung des eingestellten Grenzwertes leuchtet die rote Alarmlampe auf, und es können mit den Steuerkontakten eine Hupe, ein Magnetventil usw. geschaltet werden. Mit einer Prüftaste kann die Funktion des Gerätes überprüft werden. Das Gerät hat einen großen Verwendungsbereich innerhalb 0,2 μS $\cdot$ cm^{-1} bis 10 mS $\cdot$ cm^{-1}.

Von der Firma H. Wösthoff oHG, Bochum/BRD, wird unter der Bezeichnung ELMHOS ebenfalls ein Leitfähigkeits-Kontrollgerät angeboten (Abb. 27). Der zu signalisierende Wert wird mit einem Potentiometer eingestellt. Zwei Signallampen (grün—rot) lassen erkennen, ob die Leitfähigkeit höher oder niedriger liegt als der eingestellte Wert. Zur Ventilbetätigung kann ein Bauglied ELMAT nachgeschaltet werden.

Die bisher beschriebenen Betriebsmeßgeräte lassen sich im Meßprinzip alle auf Brückenschaltungen, Strom-Spannungsmessungen oder Spannungsteilerschaltungen zurückführen. Aber auch die anderen bekannten Meßanordnungen[1]) werden genutzt. So haben die Leitfähigkeits-Betriebsmeßgeräte der Firma I. C. Eckardt AG, Stuttgart/BRD, als Prinzip die Quotientenmessung mit Kreuzspulmeßwerk. Eine Leitfähigkeitsanlage besteht aus dem Leitfähigkeitsgeber, dem Meßzusatz, dem Empfänger und bei Bedarf dem Thermokompensator.

Das Prinzipschaltbild (Abb. 28) läßt eine Brückenschaltung erkennen, die aus Festwiderständen und den

---

[1]) Siehe dazu J. SCHUPPAN: „*Theorie und Meßmethoden der Konduktometrie*", Abschnitt 2.2.1.

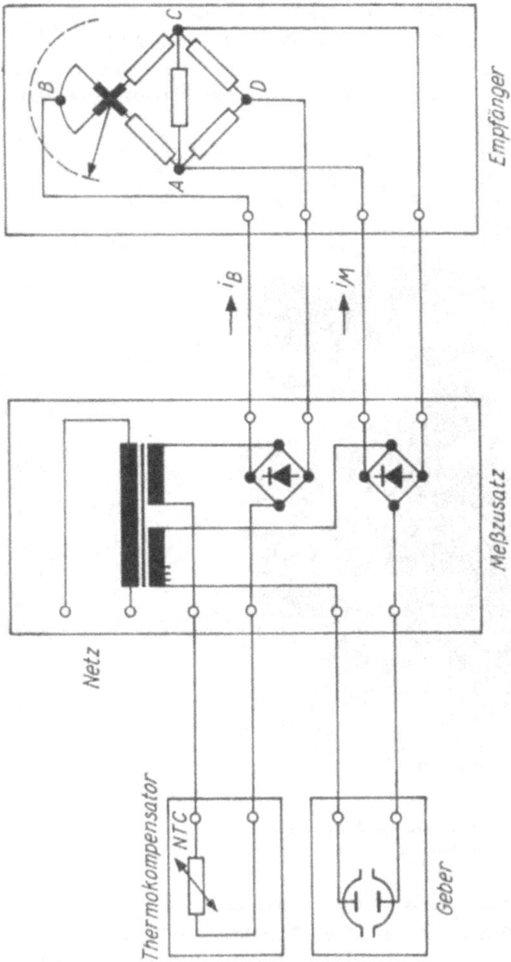

Abb. 28. Prinzipschaltbild der Leitfähigkeitsmeßanlagen der Firma I. C. Eckardt AG, Stuttgart/BRD.

Wicklungen des Kreuzspulmeßwerkes besteht. Weiterhin sind zwei Wechselstromkreise vorhanden. In einem wird der Strom durch die aus dem Netzteil abgegebene Meßwechselspannung (50 Hz) und durch den Geberwiderstand bestimmt. Im zweiten Wechselstromkreis wird

Abb. 29. Meßzusatz für Dynamometer-Meßwerk (*Hersteller:* H. Wösthoff oHG, Bochum/BRD)

der Strom durch den Widerstand des Thermokompensators bestimmt. Die beiden Ströme werden im Meßzusatz gleichgerichtet und dem Empfänger zugeleitet. Der Strom aus dem Thermokompensatorkreis wird an den Punkten *B* und *D* in die erwähnte Brückenschaltung eingeführt und verteilt sich auf beide Wicklungen des

Kreuzspulmeßwerkes. Der Strom aus dem Meßkreis wird an der Diagonale $A-C$ angeschaltet. Die Anzeige ergibt sich aus dem Quotienten von Summe und Differenz der temperatur- bzw. leitfähigkeitsabhängigen Teilströme. Schwankungen der Netzspannung wirken sich nicht auf die Messung aus, da sie in gleicher Weise im Zähler und im Nenner auftreten.

Der bei den einfacheren Meßanlagen der Firma H. Wösthoff oHG, Bochum/BRD, verwendete Meßzusatz (Abb. 29) besteht im wesentlichen aus einem Dreischenkelwandler, über dessen Spulen sowohl der Leitwertgeber als auch der Temperaturausgleichswiderstand angeschlossen werden. Die Einstellung der Meßbereiche erfolgt durch entsprechende Bemessung der Windungsverhältnisse dieser Spulen. Als Meßsystem wird ein eisengeschlossenes Induktions-Dynamometer verwendet. Spannungsschwankungen wirken sich nicht auf die Anzeige aus.

In der letzten Zeit sind verschiedentlich Meßgeräte entwickelt worden, die die 4-Elektroden-Methode[1]) zur Bestimmung der elektrolytischen Leitfähigkeit benutzen. Ein Industriegerät, welches auf diesem Meßprinzip aufbaut, ist das MHO-METER, Type, 05—001, der Firma Kemotron AG, Kopenhagen-Hellerup/Dänemark.

Das MHO-METER 05-001 ist als kompakte und widerstandsfähige Einheit von Meßapparatur und Meßgeber aufgebaut. Die Meßapparatur, deren Schaltung im Prinzipschaltbild (Abb. 30) dargestellt ist, ist volltransistorisiert, wobei nur Bauelemente mit langer Lebensdauer verwendet werden. Das Gerät gibt am Ausgang einen eingeprägten Gleichstrom von 0—4 mA ab, der linear mit der Leitfähigkeit zusammenhängt. Dieser Ausgangsstrom ermöglicht den Anschluß beliebiger Anzeigegeräte, Drehspulschreiber, elektronischer Schrei-

---

[1]) Siehe dazu auch J. SCHUPPAN: „*Theorie und Meßmethoden der Konduktometrie*", Abschnitt 2.2.1.8.

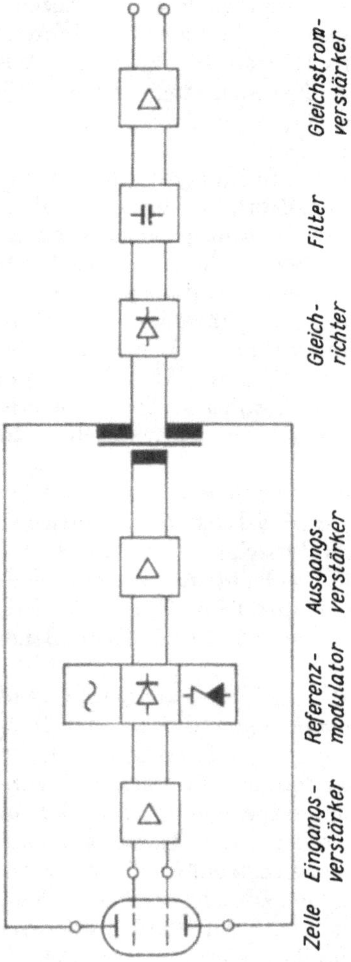

Abb. 30. Prinzipschaltbild des MHO-METERS Type 05-001

ber, elektronischer Regeleinrichtungen und Signalanlagen.

Die Leitfähigkeitsmessung mit dem MHO-METER 05-001 ist weitgehend unabhängig von der Temperatur. Zur Temperaturkompensation wird ein NTC-Widerstand verwendet. Das MHO-METER 05-001 kann mit seinen Meßbereichen das gesamte Gebiet der elektrolytischen Leitfähigkeit überstreichen. Vom kleinsten Meßbereich 0—1 $\mu S \cdot cm^{-1}$ bis zum höchsten Meßbereich 0—1 $S \cdot cm^{-1}$ kann dabei auf Grund des verwendeten Meßprinzips die gleiche Zellenanordnung und die gleiche Meßapparatur verwendet werden. Es ist daher auch leicht möglich, einen bestehenden Meßbereich in einen anderen zu verwandeln. Eine mit Alarmgabe bei Grenzüberschreitung kombinierte automatische Meßbereichsfortschaltung kann jederzeit an die Meßapparatur angeschlossen werden.

Als Meßgenauigkeit wird $\pm 2\%$ und als Reproduzierbarkeit $\pm 0{,}5\%$ genannt. Die Meßzelle kann bis zu einer Temperatur von 200 °C und einem Druck von 6 MPa eingesetzt werden.

Nach dem gleichen Meßprinzip, der 4-Elektroden-Methode, arbeiten auch die Leitfähigkeitsmeßeinrichtung LM 200 vom VEB Hydromat, Dresden-Bannewitz, und der Leitfähigkeits-Transmitter PR 9520 von Philips Industrie Elektronik GmbH, Hamburg/BRD. Da nur der Widerstand bzw. der Spannungsabfall zwischen den inneren Meßelektroden gemessen wird, können sich Polarisation und auch Verschmutzungen der äußeren Elektroden nicht auf das Meßergebnis auswirken, so daß diese Geräte nicht nur im gesamten Bereich der elektrolytischen Leitfähigkeit, sondern auch in stark verschmutzten Lösungen messen können.

Abschließend soll noch der Leitfähigkeitsmesser ZEPACOND 3 von ZPA, Závod Nová Paka/CSSR, beschrieben werden, welcher durch seine zugehörigen Vorrichtungen zur Eliminierung von Ammoniak und Kohlendioxid besonders zur Beurteilung von Wasser und Dampf in Kraftwerken geeignet ist. Da es sich um eine tragbare Garnitur handelt, können damit auch andere, fest installierte Leitfähigkeitsmesser überprüft werden.

Die Garnitur ZEPACOND 3 besteht aus zwei Teilen:

a) Eliminator des NH_3 und des CO_2 mit den Gebern (Abb. 31)
b) Meßzusatz mit Schreibgerät (Abb. 32).

Abb. 31. Eliminator für ZEPACOND 3, Vorderansicht
(*Hersteller:* ZPA – Závod Nová Paka/CSSR)

Im Eliminator (Abb. 33 zeigt die Rückseite) wird die kondensierte und abgekühlte Probe nach Durchfließen des ersten Gebers einem stark sauren Kationenaustauscher zugeführt. Dort kommt es zum Austausch aller Kationen, wodurch das Ammoniak eliminiert wird. Nachdem die Meßprobe den zweiten Geber passiert hat, gelangt sie in eine Kaskadenkolonne, in der das Kohlendioxid durch das Durchperlen mit Stickstoff entfernt wird. Aus der Kaskadenkolonne gelangt die Meßprobe in den dritten Geber. Die drei Geber werden, gesteuert durch das Schreibgerät, im 20-Sekunden-Abstand an den

Abb. 32. Leitfähigkeitsmesser ZEPACOND 3, Meßzusatz mit Schreibgerät

Abb. 33. Eliminator für ZEPACOND 3 mit abgenommener Rückwand

Meßzusatz geschaltet, und die Meßwerte werden durch den Schreiber registriert.

Während vom ersten Geber die nichtaufbereitete Probe und mit dem zweiten Geber die ammoniakfreie Probe gemessen werden, gibt der mit dem dritten Geber gemessene Leitwert den Salzgehalt objektiv an. Die Schaltung des Meßzusatzes entspricht dem Leitfähigkeitsmesser ZEPACOND 1 vom gleichen Hersteller.

Ein Vergleich der in diesem Abschnitt behandelten Leitfähigkeitsmeßgeräte für die technische Betriebskontrolle läßt erkennen, daß man das Problem der Messung des Elektrolytwiderstandes auf recht verschiedene Weise lösen kann. Eine Behandlung aller Ausführungsvarianten der geräteherstellenden Firmen würde den Rahmen dieser Ausführungen sprengen. Es sei hier nur noch abschließend darauf hingewiesen, daß in den folgenden Abschnitten noch spezielle Geräteausführungen beschrieben werden, wenn das aus anwendungstechnischen Gründen als notwendig erscheint.

2. Anwendungsmöglichkeiten für Leitfähigkeitsmessungen in der Betriebskontrolle

2.1. Konzentrationsbestimmungen

Wie allgemein bekannt [1, 14—16], ist die spezifische Leitfähigkeit der wäßrigen Lösung eines Elektrolyten nur von seiner Konzentration abhängig, wenn die Temperatur konstant gehalten wird. Die Konzentration c steht mit der spezifischen Leitfähigkeit $\varkappa$ nach Gl. (1) in folgendem Zusammenhang:

$$\varkappa = \frac{c \cdot n_e}{1000} (l_+ + l_-) \tag{1}$$

Für einen speziellen Elektrolyten lassen sich abgesehen von c alle anderen Parameter aus Gl. (1) zu einer

Konstanten zusammenfassen, da Wertigkeit und bei verdünnten wäßrigen Lösungen auch die Beweglichkeiten seiner Ionen die gleichen bleiben:

$$\varkappa = \text{konst.} \cdot c \qquad (2)$$

Die experimentelle Nachprüfung dieses Zusammenhanges ergibt aber, daß eine Gültigkeit für Gl. (2) eben nur für den Bereich sehr kleiner Konzentrationen festgestellt werden kann. Die Abweichungen, die bei Erhöhung der Elektrolytkonzentration beobachtet werden, haben ihre Ursache in der Zurückdrängung der Dissoziation und in der interionischen Wechselwirkung. Die DEBYE-HÜCKEL-Theorie versucht, diese Einflüsse zu berücksichtigen, bietet aber keine allgemeingültige Lösung, obwohl sie von verschiedenen Bearbeitern erweitert wurde[1]).

Trotz aller theoretischen Komplikationen bieten sich Leitfähigkeitsmessungen an Lösungen zur Konzentrationsbestimmung an. Es ist in den interessierenden Konzentrationsbereichen allerdings nötig, die $\varkappa = f(c)$-Funktion durch Aufnahme einer Eichkurve mit bekannten Konzentrationswerten empirisch aufzunehmen. Dabei muß beachtet werden, daß es für einige Elektrolyte Konzentrationsbereiche gibt, die sich nicht durch Leitfähigkeitsmessung erfassen lassen. Das trifft vor allem für die sehr gut löslichen Säuren, Basen und Salze zu, die in ihrer $\varkappa = f(c)$-Funktion Extremwerte zeigen. An und für sich kann man bei solchen Lösungen Konzentrationsbestimmungen durchführen, gleichgültig, ob man sich im aufsteigenden oder im absteigenden Ast der Kurve befindet. Es muß nur eindeutig festliegen, um welchen Bereich es sich handelt, sonst kann es zu Fehlbestimmungen kommen. In Zweifelsfällen und wenn man im Bereich des Extremwertes messen will, kann man durch definierte Verdünnung die Leitfähigkeits-

---

[1]) Siehe dazu auch J. SCHUPPAN: „*Theorie und Meßmethoden der Konduktometrie*“, Abschnitt 1.3.2.

messung in den aufsteigenden Kurvenast verschieben. Durch richtige Wahl des Verdünnungsverhältnisses kann man erreichen, daß die Messung in dem steilsten Flankenabschnitt zu liegen kommt und erreicht so eine hohe Meßrichtigkeit. Bei technischen Messungen kann die

Tabelle 1

Durch Leitfähigkeit auswertbare Konzentrationsbereiche technisch wichtiger Säuren, Basen und Salze

Elektrolyt	Auswertbarer Konzentrationsbereich in %	Zugeordneter Temperaturbereich in °C
HCl	0– 15	0– 50
	25– 40	0– 20
HNO_3	0– 25	0– 50
	35– 90	0– 50
H_2SO_4	0– 25	10– 50
	35– 80	10– 50
	95–100	10– 50
NaOH	0– 10	0–100
	0– 15	50–100
	0– 25	100
KOH	0– 20	0–100
NH_3	0– 5	0– 50
	8– 30	0– 50
Na_2CO_3	0– 15	20
K_2CO_3	0– 25	20
	35– 50	20
$KHCO_3$	0– 10	15
KCl	0– 24	20
NaCl	0– 26	20

definierte Verdünnung mit zwei Dosierpumpen hoher Genauigkeit vorgenommen werden.

In Tab. 1 sind die durch Leitfähigkeitsmessung auswertbaren Konzentrationsbereiche für einige technisch wichtige Säuren, Basen und Salze angegeben [5]. Dabei wird außerdem der zugeordnete Temperaturbereich genannt, da die $\varkappa = f(c)$-Kurve aus verständlichen Gründen von der Temperatur verändert wird. Bei verschiedenen Salzen ändert sich auch bei anderen Temperaturen der nutzbare Bereich mit der veränderten Löslichkeit des Salzes.

Tab. 1 zeigt, daß die Leitfähigkeitsmessung in recht weiten Konzentrationsbereichen als analytisches Hilfsmittel herangezogen werden kann. In der Praxis wird man es aber meist nicht in allen Fällen mit einem rein binären System zu tun haben; vielmehr werden bei der technischen Leitfähigkeitsmessung sehr oft nicht nur ein einziger, sondern mehrere Elektrolyte im Wasser gelöst sein. Handelt es sich um die Messung geringer Konzentrationen, kann sich auch bei rein binären Systemen die ungenügende Reinheit des als Lösungsmittel verwendeten Wassers bemerkbar machen.

Die Ionen der gelösten Salze tragen auf Grund ihrer oft recht unterschiedlichen Beweglichkeit in sehr verschiedenem Maße zur Gesamtleitfähigkeit bei. Trotzdem kann beobachtet werden, daß die Anwendung der Leitfähigkeitsmessung zur Konzentrationsbestimmung nicht auf rein binäre Systeme beschränkt bleibt. Die Leitfähigkeit kann aber bei mehreren gelösten Komponenten nur dann ein Maß für den Gesamtsalzgehalt sein, wenn das Mengenverhältnis der gelösten Stoffe konstant bleibt oder einer der gelösten Stoffe im überwiegenden Maße die spezifische Leitfähigkeit bestimmt. Jedoch werden auch dort, wo diese Bedingungen nicht streng erfüllt sind, oft noch recht brauchbare Anhaltswerte gemessen.

Über die Abhängigkeit der spezifischen Leitfähigkeit reiner Elektrolytlösungen von der Konzentration findet sich umfangreiches Zahlenmaterial in den bekannten Tabellenwerken [6—8] und dem übrigen Schrifttum [93]. Erwähnt werden sollen noch die Angaben von Freier [19], der für eine ganze Anzahl technisch wichtiger Elektrolyte den Zusammenhang von spezifischer Leitfähigkeit und Konzentration in Form von Kurven bringt. Abbildung 34 zeigt eines dieser Kurvenbilder. Man kann

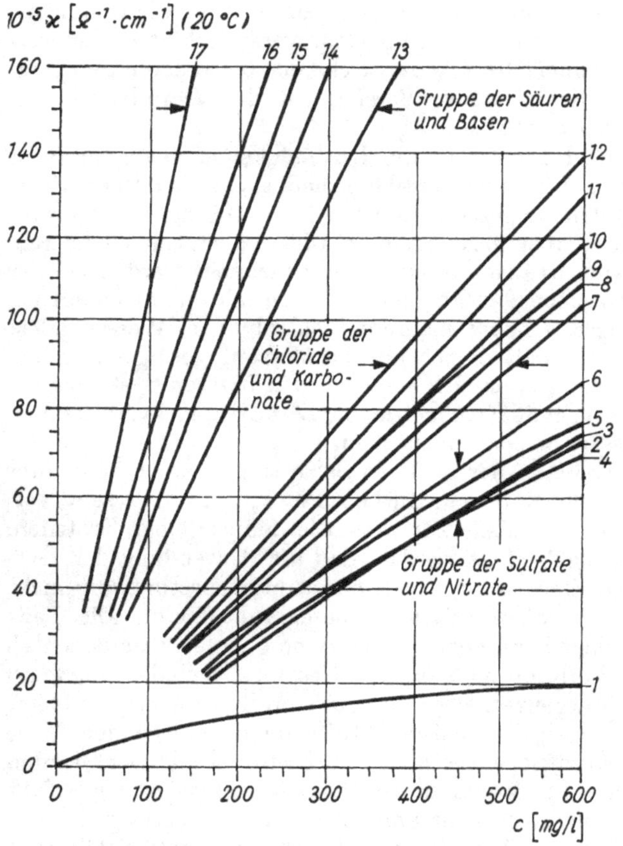

Abb. 34. Spezifische Leitfähigkeit für wäßrige Lösungen von Säuren, Basen und Salzen bei 20°C (nach FREIER [19])

1 – NH_3; *2* – $NaNO_3$; *3* – KNO_3; *4* – $1/2\,CaSO_4$; *5* – $1/2\,MgSO_4$; *6* – $1/2\,Na_2SO_4$; *7* – KCl; *8* – NaCl; *9* – $1/2\,Na_2CO_3$; *10* – $1/2\,CaCl_2$ *11* – $1/2\,MgCl_2$; *12* – NH_4Cl; *13* – KOH; *14* – NaOH; *15* – HNO_3; *16* – $1/2\,H_2SO_4$; *17* – HCl mit der gemessenen spezifischen Leitfähigkeit den Salzgehalt in mg/l ablesen.

Abb. 34. läßt charakteristische Gruppen von Elektrolyten erkennen, die in ihrer Leitfähigkeits-Konzentrationsfunktion jeweils ein ähnliches Verhalten zeigen. So kann man von einer Gruppe der Sulfate und Nitrate, der Chloride und Karbonate und der Säuren und Basen sprechen. Die Kurven zeigen auch, daß das Kochsalz (Kurve 8) unter allen angeführten Salzen eine gute Mittelstellung einnimmt und bei technischen Überwachungsmessungen mit einem gewissen Recht als Eichsalz herangezogen wird.

Andererseits zeigen die Kurven aber auch, wie problematisch eine Konzentrationsangabe mg Salz/l ist, wenn die genaue Zusammensetzung des Meßmediums nicht bekannt ist. Die verschiedenen Elektrolyte können derart unterschiedliche Auswirkungen auf die Gesamtleitfähigkeit haben, daß es in solchen Fällen geraten erscheint, nicht in Konzentrationen, sondern nur in Leitfähigkeiten zu messen. Das fällt um so leichter, als man bei Überwachungsaufgaben nur Relativaussagen benötigt, wenn nicht gar nur das Überschreiten eines Grenzwertes signalisiert werden soll.

Nur in den Fällen, in denen die Konzentration direkt interessiert, läßt sich eine Eichung der Leitfähigkeitsmeßgeräte in Konzentrationseinheiten nicht umgehen. Es muß dann allerdings gewährleistet sein, daß der zu messende Elektrolyt überwiegend die Leitfähigkeit bestimmt.

Das ist praktisch immer der Fall, wenn es sich um Konzentrationsbestimmungen an Säuren, Basen und Salzen höherer Konzentration handelt. Oft muß in einem chemischen Prozeß ein Elektrolyt ganz bestimmter Konzentration zudosiert werden. Oft muß auch im Interesse einer guten Ausbeute die Konzentration eines Produktes genau bekannt sein. Auch fallen viele Elektrolyte bei ihrer Herstellung entweder in wäßriger Lösung an oder enthalten aus verfahrenstechnischen Gründen Wasser. Da es sich meist um Lösungen handelt, die als binäre Systeme aufzufassen sind, kann man die Leitfähigkeitsmessung mit Vorteil zur Konzentrationsbestimmung nutzen.

Außer durch Leitfähigkeitsmessung kann man bei Säuren oder Basen die Konzentration auch durch Titrieren bestimmen. Zwar sind heute bereits eine Anzahl von Titrierautomaten auf dem Markt, die auch in der Betriebskontrolle eingesetzt werden können. Die Titration

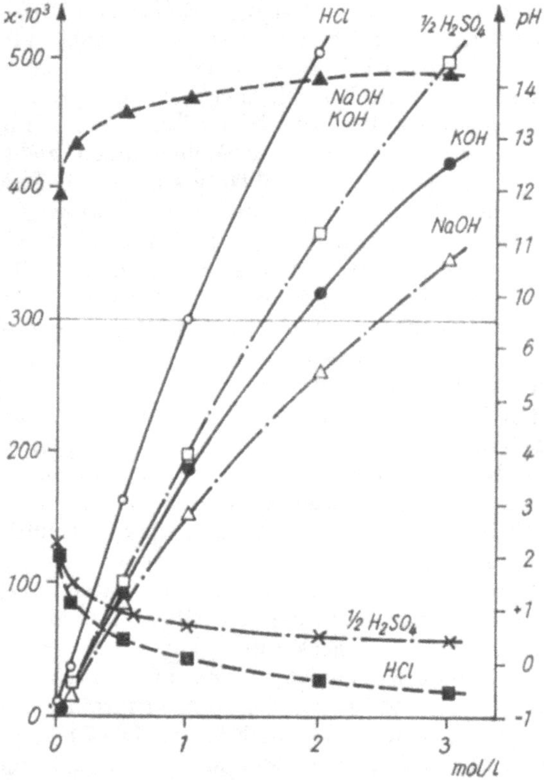

Abb. 35. Spezifische Leitfähigkeit und pH-Wert in Abhängigkeit von der Konzentration starker Säuren und Basen

ist aber ein diskontinuierliches Verfahren und außerdem sehr aufwendig, so daß die weit einfachere Leitfähigkeitsmessung in den meisten Fällen vorgezogen wird.

Über die Eignung der pH-Messung zur Bestimmung der Konzentration von Säuren oder Laugen macht SCHWABE [9, 20—22] aufschlußreiche Ausführungen. Es stellt sich heraus, daß die pH-Messung nur bis zu Konzentrationen von 0,1 normal zur Konzentrationsbestimmung geeignet ist. In Abb. 35. sind die pH-Werte und die spezifischen Leitfähigkeiten einiger starker Säuren und Basen über der Konzentration aufgetragen. Man erkennt, daß in den pH-Bereichen < 1 und > 13 der pH-Wert sich nur noch so gering mit der Konzentration ändert, daß seine Bestimmung nur mit größeren Fehlern möglich wäre. Das ist darauf zurückzuführen, daß der pH-Wert logarithmisch mit der Konzentration geändert wird. Die spezifische Leitfähigkeit dagegen ändert sich in den angeführten Bereichen annährend linear mit der Konzentration und erlaubt so eine Bestimmung der Säure- oder Basenkonzentration mit großer Genauigkeit. Die in Abb. 35 aufgetragenen Leitwertkurven beweisen das recht deutlich.

Bei noch höheren Konzentrationen, als in diesem Beispiel angeführt, müssen bei der Leitfähigkeitsmessung die bereits mehrfach erwähnten Extremwerte der $\varkappa = f(c)$-Funktion beachtet werden. Das kann dazu führen, daß technisch interessante Konzentrationsbereiche der Leitfähigkeitsmessung nicht ohne weiteres zugänglich sind.

Als Beispiel soll die Schwefelsäure dienen. Es sind hier drei Konzentrationsbereiche von besonderem Interesse und zwar die sogenannte Kammersäure 65—80 Gew.-% H_2SO_4, die Kontaktsäure 85—100 Gew.-% H_2SO_4 und das Monohydrat des Handels (azeotropes Gemisch) 98,3 Gew.-% H_2SO_4. Eine Betrachtung der Kurve (Abb. 36), die sich als Abhängigkeit der Leitfähigkeit von der Konzentration der Schwefelsäure ergibt, läßt zwei Maxima erkennen. Das Leitfähigkeitsverhalten der Schwefelsäure im Bereich 80—95 Gew.-% läßt sich mit einer besonderen Flüssigkeitsstruktur, insbesondere durch Ausbildung von Protonenbrücken erklären. Die dadurch bewirkte Leitfähigkeitserhöhung überlagert sich der durch die interionische Wechselwirkung bedingten Funktion [23].

Die dadurch etwas komplizierten Verhältnisse ergeben, daß die Kammersäure, in deren Bereich die Leitfähig-

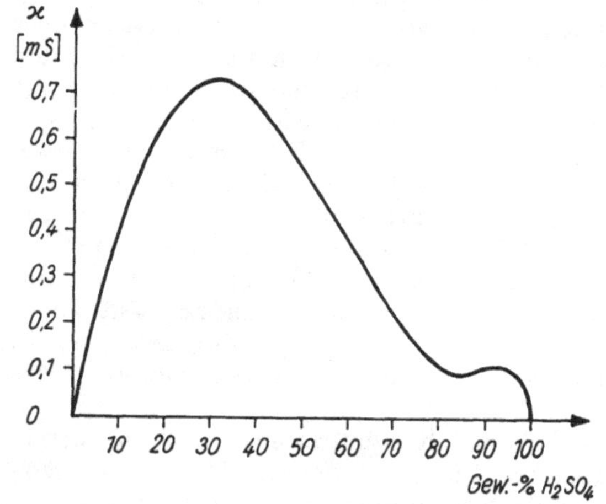

Abb. 36. Leitfähigkeits-Konzentrations-Diagramm des Systems Schwefelsäure — Wasser (20 °C)

keit mit der Konzentration sinkt, recht gut in ihrem Gehalt bestimmt werden kann, jedoch die Kontaktsäure nicht. Man erkennt lediglich im Bereich zwischen 86 und 90 Gew.-% H_2SO_4 ein flaches Ansteigen der Leitfähigkeit mit der Konzentration, so daß eine Messung mit Einschränkungen möglich ist. Erst über 95 Gew.-% H_2SO_4 ist wieder eine ausgeprägte Leitfähigkeits-Konzentrations-Abhängigkeit zu verzeichnen.

Es soll an dieser Stelle erwähnt werden, daß auch im Konzentrationsbereich über 100 Gew.-% hinaus (Bildung von „Oleum“ durch Lösen von SO_3) eine Gehaltsbestimmung durch Leitfähigkeitsmessung möglich wird. Dabei muß aber beachtet werden, daß auch hier die Funktion bei etwa 102 Gew.-% ein Maximum durchläuft.

Zur Konzentrationsbestimmung von Schwefelsäure hat sich die Differenzmeßtechnik gut bewährt [24]. Dabei wird durch die mit der Bezugsschwefelsäure gefüllte Vergleichszelle gleichzeitig die Temperaturkompensation bewerkstelligt. Die in den höheren Konzentrationsbereichen zu messenden spezifischen Leitfähigkeiten sind mit etwa 10^{-1} bis 10^{-2} Siemens immerhin so hoch, daß durch sorgfältigen Aufbau der Meßstrecke (kleine Stromdichte) meßwertverfälschende Polarisationseinflüsse gering gehalten werden müssen. Erschwerend kommt hinzu, daß die hohe Aggressivität von Schwefelsäure eine Platinierung der Platinelektroden unmöglich macht. Die Meßelektroden sollten daher trotz erhöhter Polarisationsgefahr besser aus Chrom-Nickel-Stahl bestehen.

Um eine schnelle Zerstörung der Platinierung von Platinelektroden zu umgehen, hat man zur Konzentrationsbestimmung in konzentrierter Schwefelsäure auch kontaktlose Leitfähigkeitsmeßstrecken angewandt. Das ist beispielsweise möglich durch kapazitive Meßstrecken bzw. induktive Meßstrecken. Als Beispiel soll hier nur das Dephimeter (Draeger-Werke, Lübeck) genannt werden, welches sich nach KLUTKE [25] zur Konzentrationsbestimmung von Schwefelsäure eignet.

Recht interessant ist auch die von SALOMON [26] beschriebene kontaktlose Meßmethode auf der Grundlage eine Transformatorbrücke. Dabei befindet sich das Meßmedium (z. B. Schwefelsäure) in einem Rohr aus nichtmetallischem, gut isolierenden Material, welches als Koppelschleife zwischen den Eisenkernen zweier Transformatoren anzusprechen ist.

In letzter Zeit hat sich bei der Konzentrationsbestimmung von Schwefelsäure — wie überhaupt bei der Messung hoher Leitfähigkeiten — die 4-Elektroden-

Meßmethode eingeführt. Sie bietet große Vorteile dadurch, daß beliebiges Elektrodenmaterial verwendet werden kann und keine Polarisationsgefahr besteht.

Nicht so intensiv wie Schwefelsäure wurde Salpetersäure im Hinblick auf technische Konzentrationsbestimmungen untersucht. Es liegen jedoch Meßwerte über weite Konzentrationsbereiche vor. Die in Abb. 37 dar-

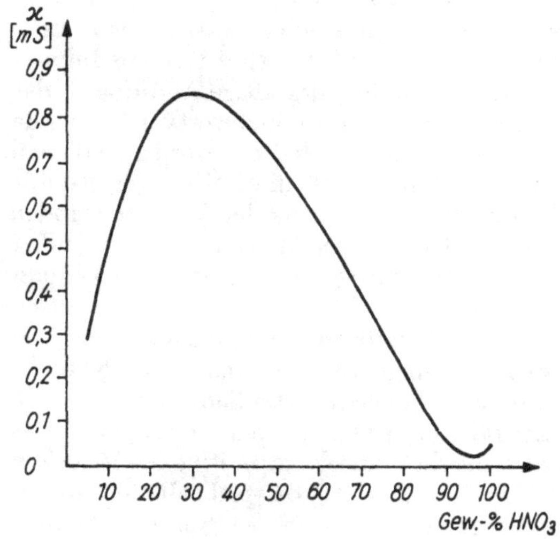

Abb. 37. Leitfähigkeits-Konzentrationsdiagramm des Systems Salpetersäure—Wasser (20 °C)

gestellte Leitfähigkeits-Konzentrationsfunktion gibt die Mittelwerte verschiedener Autoren [27, 28] unter besonderer Berücksichtigung der neueren Messungen von Sauermann [29] wieder. Auch hier ist bei hochkonzentrierter Salpetersäure bereits die Andeutung eines Nebenmaximums zu erkennen. Das Absinken der Leitfähigkeit nach Überschreiten des ersten Maximums ist auf bekannte Weise mit einer Erhöhung der Viskosität und

Zurückdrängung der Dissoziation nach

$$HNO_3 + H_2O \rightleftharpoons H_3O^+ + NO_3^-$$

zu erklären. Mit der Abnahme des Wassergehaltes kommt es nach GILLESPIE [30] zu einer zunehmenden Eigendissoziation der Salpetersäure,

$$2\,HNO_3 \rightleftharpoons NO_3^- + NO_2^+ + H_2O,$$

so daß die Leitfähigkeit wieder ansteigt. Man beobachtet daher auch bei reiner Salpetersäure bei 25 °C eine etwa 5-fach größere Leitfähigkeit als bei Schwefelsäure.

Technische Anwendung findet auch die Konzentrationsbestimmung durch Leitfähigkeitsmessung bei rauchender Salpetersäure. Es handelt sich hier aber um ein ternäres System: Salpetersäure/Wasser/Stickstoffdioxid. Nach der von MASON [31] angegebenen Methode müssen daher zwei Leitfähigkeitsmessungen durchgeführt werden, einmal in der Originalprobe und zum anderen nach Sättigung mit Kaliumnitrat. Die erreichte Meßgenauigkeit ist mit $\pm 0{,}3$ Gewichtsprozent Salpetersäure recht gut. Die Auswertung der Messungen erfolgt durch einfache Diagramme.

Die technische Kontrolle der Konzentration von Salzsäure stößt kaum auf Schwierigkeiten, da die Leitfähigkeits-Konzentrations-Funktion abgesehen von einem Maximum zwischen 18 und 25 Gew.-% HCl nicht von Leitfähigkeitsanomalien gestört wird. Es interessiert hier technisch besonders der Konzentrationsbereich um 35 Gew.-% HCl.

Selbstverständlich sind auch viele andere Säuren der Konzentrationsbestimmung durch Leitfähigkeitsmessung zugänglich. Dabei machen schwache Säuren keine Ausnahme. So kann z. B. der Restwassergehalt von konzentrierter Essigsäure (Eisessig) durch Leitfähigkeitsmessung sehr genau bestimmt werden, da man eine starke Änderung im Konzentrationsbereich von 90 bis 100 Gew.-% Essigsäure beobachtet. Mit den von BRUN

[23] stammenden Tabellenwerten ergibt sich die in Abb. 38 dargestellte Kurve. Die ungewöhnlich starken Leitfähigkeitsänderungen durch Wasserspuren können mit einer Störung der Assoziationsstruktur der Essigsäure durch Einlagerung von Wasser erklärt werden.

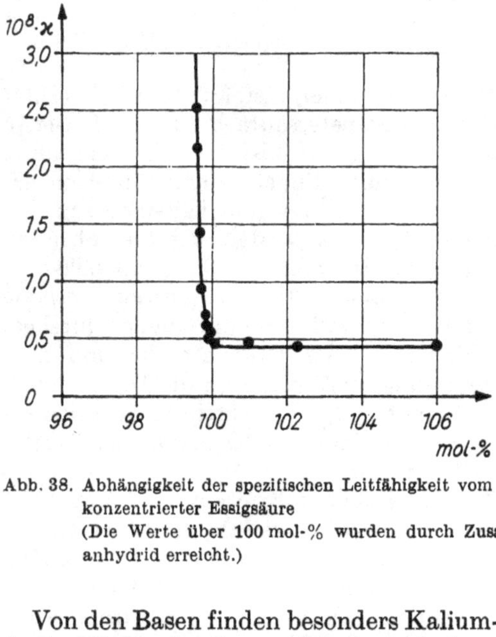

Abb. 38. Abhängigkeit der spezifischen Leitfähigkeit vom Wassergehalt hochkonzentrierter Essigsäure
(Die Werte über 100 mol-% wurden durch Zusatz von Essigsäureanhydrid erreicht.)

Von den Basen finden besonders Kalium- und Natriumhydroxid sowie Ammoniak technisches Interesse. Zu beachten ist dabei immer nur, daß bei den großen Löslichkeiten dieser Stoffe bestimmte Konzentrationsbereiche infolge Ausbildung von Leitfähigkeitsmaxima der Messung entzogen sind.

Große Bedeutung hat die Überwachung der Konzentration der Natronlauge in Kohlendioxid-Absorptionstürmen (Laugen-Wäsche). Die Wirksamkeit der Natronlauge ist nur bis zu einer Konzentration von ca. 1,6 Gew.-% NaOH einwandfrei gegeben. Dieser Erschöpfungspunkt muß möglichst genau gemessen werden, da man die Absorptionslösung aus wirtschaftlichen Gründen gut ausnutzen will. Zu beachten ist, daß es sich durch das bei der Absorption von CO_2 entstehende Natriumkarbonat um ein ternäres System handelt. Hält man die Ausgangskonzentration (z. B. 8 Gew.-% NaOH) konstant, so läßt sich die dann ebenfalls konstante Karbonatmenge miteineichen. Eine zweite Möglichkeit ist auch, das zur Kontrolle verwendete Leitfähigkeitsmeßgerät mit einer Skala auszurüsten, die den NaOH-Gehalt in Abhängigkeit von der Anfangskonzentration angibt.

Nicht nur zur Messung der Konzentration von Elektrolytlösungen, sondern auch zur Konzentrationsregelung lassen sich Leitfähigkeitsmesser heranziehen. Eine im Produktionsprozeß anfallende Elektrolytlösung kann auf recht einfache Weise durch Zudosieren von Wasser oder von Konzentrat auf einer bestimmten Konzentration gehalten werden. Die Betätigung des Dosierventils (Magnetventil) kann z. B. durch ein an den Leitwertmesser angeschlossenes Profilanzeigeinstrument mit verstellbaren Grenzkontakten vorgenommen werden. [32]

2.2. Die Beurteilung der Qualität des Wassers durch Leitfähigkeitsmessung

Hochreines Wasser — sogenanntes Leitfähigkeitswasser — nähert sich in seiner Eigenleitfähigkeit bereits den Nichtelektrolyten. Es besitzt bei 18 °C eine theoretische spezifische Leitfähigkeit von $3{,}71 \cdot 10^{-8} \Omega^{-1} \cdot cm^{-1}$. Bereits kleinste im Wasser gelöste Elektrolytmengen lösen einen sehr ausgeprägten Leitfähigkeitsanstieg aus. Es lag also nahe, die spezifische Leitfähigkeit des Wassers als Maß für den Salzgehalt zu nutzen und so ist auch die Leitfähigkeit die älteste und am meisten verwendete Kenngröße für die Wasserqualität.

Wie bereits ausgeführt, stellt die Leitfähigkeit nur unter bestimmten Voraussetzungen ein Maß für den Salzgehalt des Wassers dar. So enthalten alle natürlichen Wässer in Abhängigkeit von ihrer Herkunft die verschiedensten Salze gelöst. Die Leitfähigkeitsmessung erfaßt — im Gegensatz zur pH-Messung, welche lediglich die Wasserstoffionen-Konzentration bzw. ihre Aktivität ermittelt — alle in der Lösung befindlichen Ionen. Diese tragen abhängig von Mengenanteil und Beweglichkeit in sehr verschiedenem Maße zum Meßergebnis bei.

Bei aufbereitetem Wasser bewirken die nur kleinen Salzkonzentrationen, daß man die $\varkappa = f(c)$-Funktion in erster Näherung als konstant ansehen kann. Man begeht daher einen im allgemeinen vernachlässigbaren Fehler, wenn man das aufbereitete Wasser als eine sehr verdünnte Lösung von NaCl ansieht und die verwendeten Meßgeräte entsprechend eicht. Es entspricht dann 1 mg NaCl/l ca. 2 $\mu S \cdot cm^{-1}$. In Anbetracht der Möglichkeit, daß sich die Anteile der im Wasser gelösten Salze jederzeit unkontrollierbar ändern können, ist es immer besser, zur Beurteilung der Wasserqualität die Leitfähigkeit als physikalisch allein richtige Meßgröße direkt heranzuziehen und die Meßgeräte für die Wasserkontrolle in Leitfähigkeitseinheiten zu eichen.

2.2.1. Wasseraufbereitungsanlagen

In vielen Industriezweigen sind die Ansprüche an die Reinheit des verwendeten Wassers in den letzten Jahren sprunghaft gestiegen. So fordert die Herstellung der verschiedensten chemischen Produkte ein salzarmes Wasser. Auch zu Wasch- und Spülzwecken — hier sei besonders auf die Halbleiterfertigung hingewiesen — wird ein extrem ionenarmes Wasser benötigt. Besonders aber die modernen Dampfkraftwerke mit Hochdruckkesselanlagen sind auf ein vollentsalztes Wasser angewiesen, da mit der Erhöhung des Dampfdruckes die Anforderungen an das Speisewasser im Bezug auf seine Salzfreiheit steigen.

Die bisher gebräuchlichen Weichwasseranlagen mit nachfolgendem Verdampfer erzeugen im besten Fall ein Wasser mit einer spezifischen Leitfähigkeit von 1 $\mu S \cdot cm^{-1}$. Bei dem heute allgemein üblichen Verfahren der Wasseraufbereitung mit Ionenaustauschern läßt sich eine praktisch vollständige Enthärtung, aber auch eine totale Entsalzung des Wassers erreichen. Das Speisewasser für Dampfkessel mit einem Arbeitsdruck von über 15 MPa muß eine Leitfähigkeit unter 0,1 $\mu S \cdot cm^{-1}$ besitzen, weil man nur dann sicher sein kann, daß die bei hohen Drücken besonders gefährliche Kieselsäure aus dem Wasser entfernt ist. Auch eine entsprechende Dampfreinheit setzt ein vollentsalztes Speisewasser voraus. Andernfalls kann es bei den enormen Dampfdurchsatzgeschwindigkeiten moderner Hochdruckdampfturbinen zu einer gefährliches Salzablagerung auf den Turbinenschaufeln kommen.

Diese wenigen Beispiele (näheres findet man in der entsprechenden Literatur [17, 18, 19, 24, 33, 34]) sollen genügen, die Wichtigkeit der modernen Vollentsalzungsanlagen zu unterstreichen. Bei den Vollentsalzungsanlagen wird das Wasser durch Filtersäulen geleitet, die mit verschiedenen Austauschermassen gefüllt sind. Ionenaustauscher sind bekanntlich spezielle Kunstharze in Granulat- oder Kugelform mit einer Korngröße zwischen 0,3 und 2 mm. Sie sind in Wasser nicht löslich, besitzen aber die Fähigkeit, die an ihre austauschfähigen Gruppen gebundenen Ionen gegen im Wasser gelöste andere Ionen auszutauschen. Dieser Austausch geht nach bestimmten Gesetzmäßigkeiten vor sich, wobei nur erwähnt werden soll, daß die Bindung der Ionen an den Austauscher von der Wertigkeit der Ionen, vom Dissoziationsgrad der Elektrolyten und, da es sich um Gleichgewichtsreaktionen handelt, auch von der Konzentration der Ionen abhängt. So werden zweiwertige

Ionen fester als einwertige gebunden. Die Anionen stark dissoziierter Säuren werden gegenüber den der schwach dissoziierten bevorzugt, so daß z. B. CO_2 und SiO_2 von Chloridionen verdrängt werden. Man unterscheidet bei den Austauscherharzen schwach und stark saure Kat-

Abb. 39. Teilansicht einer Vollentsalzungsanlage (Werkbild Bran & Lübbe, Hamburg/BRD)

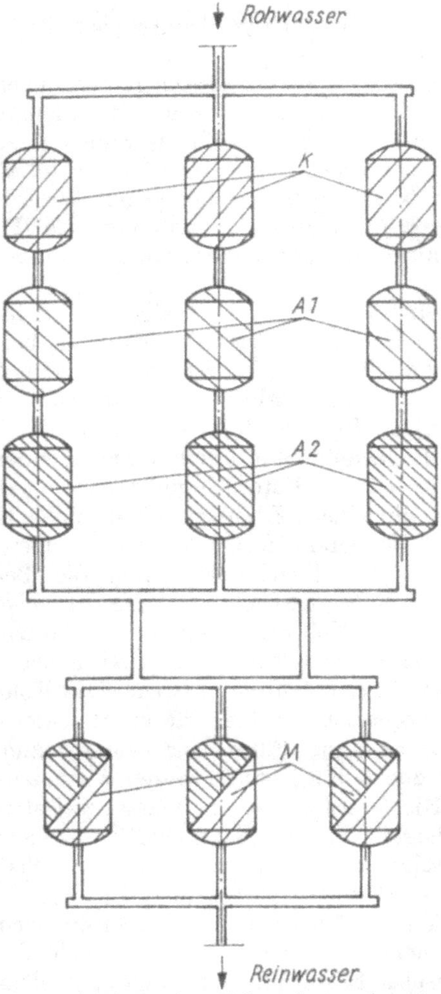

Abb. 40. Schaltung einer Vollentsalzungsanlage, Gruppenschaltung von drei Straßen mit getrennter Mischbettgruppe
K – stark saurer Kationenaustauscher; A_1 – schwach basischer Anionenaustauscher; A_2 – stark basischer Anionenaustauscher, *M* – Mischbettfilter

ionenaustauscher sowie schwach, mittel und stark basische Anionenaustauscher.[1])

Das Arbeitsvermögen des Austauschers ist nach einem bestimmten Wasserdurchsatz erschöpft und muß durch Regeneration wiederhergestellt werden. Dazu werden die gebundenen Ionen durch einen Überschuß an Säure (HCl) beim Kationenaustauscher gegen Wasserstoffionen bzw. durch einen Überschuß an Lauge (NaOH) beim Anionenaustauscher gegen Hydroxylionen zurückgetauscht.

Eine Vollentsalzungsanlage ist eine geeignete Kombination verschiedener Kationen- und Anionenaustauscher, die zu sogenannten Straßen hintereinandergeschaltet werden oder als parallelgeschaltete Einzelstufen auf Ringleitungen arbeiten. In Abb. 39 ist eine solche Vollentsalzungsstraße dargestellt. Man erkennt die zu einer Straße zusammengeschalteten Filter. Es gibt verschiedene Möglichkeiten, die einzelnen Filter zu einer Vollentsalzungsanlage zu kombinieren. Meist sind die Zusammensetzung des eingespeisten Weichwassers und die Belastungsverhältnisse dafür maßgebend. Abb. 40 zeigt z. B. die Schaltung einer Vollentsalzungsanlage, die aus drei parallelgeschalteten Teilstraßen mit drei nachgeschalteten parallelen Mischbettfiltern besteht. Das Rohwasser, welches entsprechend seiner Herkunft bereits durch Flocker, mechanische Filter usw. vorgereinigt wurde, durchfließt zuerst einen stark sauren Kationenaustauscher (K). Hier werden alle im Wasser gelösten Kationen gegen Wasserstoffionen getauscht. Als nächste Stufe entfernt ein schwach basischer Anionenaustauscher A_1 die Anionen der starken Säuren, während der folgende stark basische Anionenaustauscher A_2 die letzten noch vorhandenen Anionen und hier besonders auch die Kieselsäure austauscht. Es sei hier eingefügt, daß dem Kationenaustauscher oder dem ersten Anionenaus-

[1]) Siehe dazu auch J. SCHUPPAN: „*Theorie und Meßmethoden der Konduktometrie*", Abschnitt 2.1.5., sowie [19].

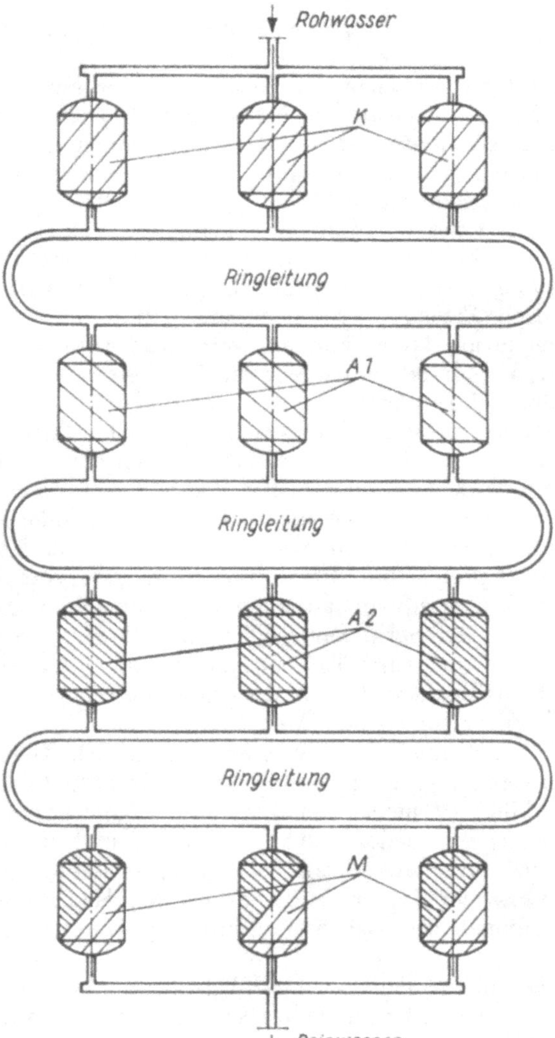

Abb. 41. Schaltung einer Vollentsalzungsanlage, Parallelschaltung gleicher Austauscher mit Ringleitungen zwischen den Austauscherstufen

K – stark saurer Kationenaustauscher; A_1 – schwach basischer Anionenaustauscher; A_2 – stark basischer Anionenaustauscher; M – Mischbettfilter tauscher oft ein Entgaser zur Entfernung der Kohlensäure und des Sauerstoffes nachgeschaltet wird und daß bei hohem Alkalianteil an der Gesamtionenmenge des Rohwassers ein zweiter stark saurer Kationenaustauscher dem ersten Anionenaustauscher nachgeschaltet wird, um den Alkaliionenschlupf aufzufangen.[1])

Von diesen Straßen müssen mindestens zwei oder auch mehr parallel geschaltet werden, da ja die Austauschmassen nach Erschöpfung regeneriert werden müssen. Die Regeneration dauert normalerweise etwa 4—6 Stunden, so daß während dieser Zeit die Parallelstraße den Betrieb übernehmen kann.

Die nachgeschalteten Mischbettfilter — auch Pufferfilter genannt — bestehen aus einem Gemisch von stark sauren und stark basischen Harzen und stellen lediglich Sicherheitsorgane dar, die der eigentlichen Vollentsalzung nachgeschaltet sind. Sie haben die Aufgabe, die durch Erschöpfung und Regeneration in den vorgeschalteten Filtergruppen auftretenden Unregelmäßigkeiten und deren normalen Schlupf aufzufangen. Sie werden daher nur zum Teil ausgenutzt, stellen aber einen Sicherheitsfaktor dar, der es gestattet, die vorgeschalteten Filter voll auszufahren.

In Abb. 41 ist eine andere Variante für die Schaltung einer Vollentsalzungsanlage dargestellt. Zur Funktion der einzelnen Filter ist nichts Neues zu sagen. Von Vorteil ist hier aber, daß jedes Filter individuell und nicht immer gleich eine ganze Straße zur Regeneration außer Betrieb gesetzt werden muß, da jeweils alle Kationen- und alle Anionenaustauscherstufen auf eine Ringleitung arbeiten.

Da also die Vollentsalzungsanlagen grundsätzlich nicht kontinuierlich betrieben werden können, sind zur Überwachung ihres Betriebes und der Regeneration eine Reihe von Analysenmeßgeräten zur Erfassung der

---

[1]) Unter Alkaliionenschlupf versteht man die im Auslauf eines Kationenaustauschers noch vorhandene geringe Restkonzentration an Alkaliionen.

wichtigsten Meßgrößen und deren fortlaufende Registrierung nötig, deren Anzahl noch steigt, wenn man zu einer automatischen Arbeitsweise kommen will. Die Meßtechnik in Vollentsalzungsanlagen und bei der übrigen Speisewasseraufbereitung untersuchten GAUCHAT [10] und SÜSS [11, 35] und machen ausführliche meß- und verfahrenstechnische Angaben (s. a. [12, 13, 36—39]).

In einer Vollentsalzungsanlage ist neben der Erfassung von Mengen und Drücken die elektrolytische Leitfähigkeit eine der wichtigsten Meßgrößen, da sich die Erschöpfung der Ionenaustauscher durch eine Verschlechterung der Wasserqualität zu erkennen gibt. Es werden daher meist mehrere Leitfähigkeitsmeßstellen vorgesehen. Zu ihrer Überwachung werden von der Industrie geeignete Leitfähigkeitsmeßgeräte angeboten (s. Abschn. 1.2.), die die spezifische Leitfähigkeit messend und registrierend verfolgen. Oft werden auch Anzeiger mit Minimal- und Maximalkontakt für Steueraufgaben eingesetzt, wodurch bei eingestelltem Grenzwert Alarm gegeben oder Schaltvorgänge innerhalb einer Automatik ausgelöst werden können.

Die Leitfähigkeitsmeßstellen werden so gewählt, daß sich mit ihrer Hilfe der Betriebszustand, der Zeitpunkt für das Außerbetriebsetzen, unter Umständen auch der Verlauf der Regeneration und der Zeitpunkt der Wiederinbetriebnahme der Ionenaustauscherfilter bestimmt werden können, da hiervon ein wirtschaftlich optimaler Betrieb abhängt. Zum Erkennen des Zeitpunktes der Erschöpfung der Filter ist in Ergänzung zur Leitfähigkeitsmessung die pH-Messung von Nutzen. Hinter dem letzten stark basischen Anionenfilter ist ein SiO_2-Meßgerät (Silicometer) wichtig.

Abb. 42. zeigt zum besseren Verständnis dieser Angaben das Arbeitsspiel eines Anionenaustauschers zwischen zwei Regenerationen. Unter der Annahme, daß der Anionenaustauscher mit dem Ablaufwasser eines stark sauren Kationenaustauschers gespeist wird, welches noch die Anionen des Rohwassers und neben Wasserstoffionen noch einen geringen Schlupf Kationen enthält, wird das Ende des Auswaschens der von der Regenerierung stammenden Natronlauge durch ein starkes Absinken der Leitfähigkeit auf einen kleinen gleichbleibenden Wert angezeigt. Der pH-Wert sinkt eben-

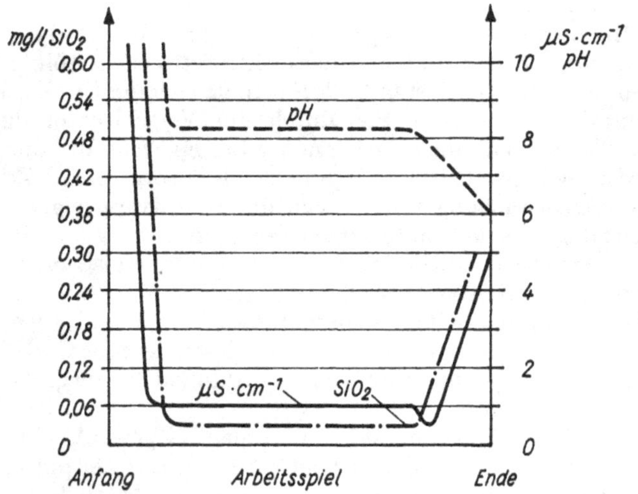

Abb. 42. Arbeitsspiel eines stark basischen Anionenaustauschers zwischen zwei Regenerationen

falls auf einen konstanten Wert, der jedoch meist im schwach alkalischen Gebiet liegt, da infolge des Schlupfes des Kationenaustauschers im Ablauf überschüssige Hydroxylionen enthalten sind. Die Entkieselung kann erst wirksam werden, wenn die Natronlauge ausgewaschen ist, da diese eine quantitative Entfernung der Kieselsäure beeinträchtigt. Die beginnende Erschöpfung gibt sich dadurch zu erkennen, daß als erstes die relativ schwer zu bindende Kieselsäure durchbricht und ihr Gehalt im Ablauf des Austauschers stark ansteigt. Die

Leitfähigkeit nimmt dagegen zuerst ab, obwohl der Austauscher bereits als verbraucht anzusehen ist. Das hat seine Ursache darin, daß die vorhandenen Anionen nicht mehr quantitativ gegen Hydroxylionen getauscht werden. Das vom Kationenschlupf im Wasser vorhandene Salz wird nicht mehr in Natronlauge verwandelt. Sobald

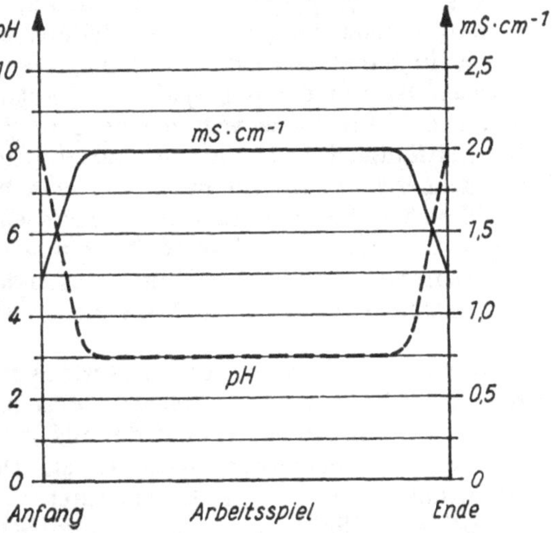

Abb. 43. Arbeitsspiel eines Kationenaustauschers zwischen zwei Regenerationen

in der Nähe des Erschöpfungspunktes des Austauschers die Neutralsalze durchschlagen, sinkt die Leitfähigkeit etwas ab, da die Leitfähigkeit der Lauge größer ist als die des zugehörigen Neutralsalzes. Mit dem weiteren Zurückgang des Hydroxylaustausches kommt es zu einem starken Leitfähigkeitsanstieg infolge Durchbruchs freier Säure. Der pH-Wert sinkt entsprechend laufend ab. Ein Ausfahren des Filters bis zur vollständigen Erschöpfung wird man in der Praxis möglichst vermeiden.

Das entsprechende Arbeitsspiel eines Kationenaustauschers ist in Abb. 43 dargestellt. Der frisch regenerierte Kationenaustauscher wandelt das Salz des Rohwassers in die zugehörigen Säuren um und so stellt sich während des Betriebes ein entsprechend niedriger pH-Wert ein. Die Leitfähigkeit liegt zufolge der höheren Beweglichkeit der Wasserstoffionen höher als die des Rohwassers. Nähert sich der Kationenaustauscher seiner Erschöpfung, so steigt der pH-Wert im Ablauf an, da sich die Wasserstoffionenkonzentration vermindert. Die Leitfähigkeit sinkt in Nähe des Erschöpfungspunktes ab, da statt der freien Säuren die ungespalteten Neutralsalze auftreten. Die Neutralsalze weisen eine geringere elektrolytische Leitfähigkeit auf als ihre zugehörigen Säuren. Beim nachgeschalteten Anionenaustauscher bewirkt das Durchbrechen des Kationenaustauschers eine Leitfähigkeitserhöhung und eine pH-Wert-Steigerung, da der Anionenaustauscher entsprechend der steigenden Kationenkonzentration in verstärktem Maße Lauge abgibt.

Ist dem Kationen- und dem Anionenaustauscher noch ein Pufferfilter in Form eines Mischbettaustauschers nachgeschaltet, so wird in dessen Auslauf der pH-Wert ansteigen, wenn das Kationenfilter erschöpft ist. Der pH-Wert wird absinken, wenn das Anionenfilter verbraucht ist. In beiden Fällen wird aber die spezifische Leitfähigkeit ansteigen.

Bei den Mischbettfiltern sollte man möglichst die Leitfähigkeit des den Filtern zugeführten Wassers messen, um die Salzbelastung kontrollieren zu können. Es sind dadurch Rückschlüsse auf die voraussichtliche Betriebsdauer des Filters möglich. An sich brauchten Mischbettfilter bei richtiger Fahrweise der vorgeschalteten Filterstraße nur in großen Abständen regeneriert zu werden. Man wird aber besser in kürzeren Abständen regenerieren, weil die Austauscherharze zusammenbacken können und der Durchsatz dadurch zurückgeht. Es besteht auch die Gefahr, daß sich dann Gassen in der Austauschermasse bilden. Selbstverständlich wird auch nach dem Mischbettfilter die spezifische Leitfähigkeit des dem Sammelbehälter zufließenden Deionats gemessen.

Bei einer Vollentsalzungsanlage nach Abb. 40 (S. 71) sind mehrere Austauscher zu einer Straße zusammengeschaltet. Hier wird man auf jeden Fall die Leitfähigkeit nach dem ersten Anionenfilter messen. Eine pH-Wertmessung ist an der gleichen Stelle nützlich, da man dann gleichzeitig den Kationenaustauscher mit überwachen kann. Selbstverständlich kann eine Leitfähigkeitsmessung auch im Ablauf des ersten Kationenaustauschers vorgenommen werden, die allerdings nicht allzu große Aussagekraft besitzt, da die beobachteten Leitwertänderungen nicht sehr groß sind. Auch hängt die Leitfähigkeitsanzeige nicht nur vom Zustand des Filters, sondern auch vom Salzgehalt des Rohwassers ab.

Wichtig ist die Messung der spezifischen Leitfähigkeit des die Straße verlassenden Wassers. Steigt hier der Meßwert über einen höchstzulässigen Grenzwert an, muß die Straße außer Betrieb genommen werden und kommt zur Regeneration. An dieser Stelle wird zweckmäßigerweise ein Leitfähigkeitsanzeiger mit Grenzkontaktgabe eingesetzt, der eine automatische Fahrweise der Vollentsalzungsanlage ermöglicht.

Im allgemeinen wird in einer Filterstraße, die automatisch betrieben werden soll, die Menge der Austauschermaterialien auf die Rohwasserzusammensetzung abgestimmt, so daß sich alle Austauschfilter etwa gleichzeitig erschöpfen und dann im Verbund regeneriert werden können. Eine Leitfähigkeitsmessung und eine Kieselsäuremessung am Ende des Stranges genügen, da sich die Überschreitung der Kapazitätsgrenze eines Filters durch eine Anzeigeänderung am Ende des Stranges zu erkennen gibt. Es wird dann der ganze Strang abgeschaltet und regeneriert, so daß auch Filter außer Betrieb genommen werden, die noch nicht völlig verbraucht sind.

Bei einer Anlage nach Abb. 41 (S. 73) kann jeder Austauschfilter individuell behandelt werden. Das erfordert aber auch die Überwachung jedes Filters durch entsprechende Meßgeräte, so daß diese Anlagenschaltung einen höheren meßtechnischen Aufwand hat.

Die bisher angeführten Beispiele von Anlagenschaltungen sind lediglich zwei von vielen Möglichkeiten, Vollentsalzungsanlagen aufzubauen. Von Fall zu Fall wird man je nach den Anforderungen an die Reinheit des produzierten Wassers und nach der Beschaffenheit des zur Verfügung stehenden Rohwassers nach der vorteilhaftesten Lösung zu suchen haben. Von ähnlichen Überlegungen wird die Anzahl und der Ort der Leitfähigkeitsmeßstellen abhängen. Die Ausgestaltung der gesamten meßtechnischen Überwachung muß dem jeweiligen Bedarfsfall entsprechen. Eine praktisch ausgeführte Vollentsalzungsanlage nehmen MÜLLER und SÜSS [13, 37] als Beispiel für die Probleme der Meßwerterfassung beim automatischen Betrieb.

Da die Veränderungen der Leitfähigkeit relativ langsam erfolgen, können in einer Vollentsalzungsanlage mehrere Meßstellen mit einem Leitfähigkeitsmeßgerät überwacht werden. Die einzelnen Meßstellen werden periodisch an das Meßgerät geschaltet, was meist vom Registriergerät aus gesteuert wird. Der Meßwert jeder Meßstelle wird dann mit einer bestimmten Farbe auf dem Registrierstreifen festgehalten.

Während die Meßgeräte meist auf einer zentralen Meßwarte zusammengefaßt werden, sind die einzelnen Leitfähigkeitsmeßstellen über die ganze Anlage verteilt. Es ist allgemein üblich, drucklos mit freiem Auslauf zu messen und dazu besondere Durchflußgeber zu verwenden, da man bei ihnen die durchgesetzte Meßgutmenge leicht kontrollieren kann. Das ist bei den direkt in die Rohrleitungen einzuschraubenden Einbaugebern nicht möglich, so daß man diese nur einsetzt, wenn ihre raumsparende Bauart platzmäßig Vorteile bringt. Bei der Verwendung von Durchflußgebern zur Leitfähigkeitsmessung muß man mit einer stündlich wegfließenden Probemenge von 30—60 Litern rechnen. Bei größeren Vollentsalzungsanlagen wird sich diese Menge auch bei mehreren Meßstellen nicht störend bemerkbar machen. Nur bei kleinen Anlagen muß man den großen Vorteil einer drucklosen Messung bei freiem Auslauf aufgeben und unter Druck direkt in der Rohrleitung messen. Es kommen dann ebenfalls Einbaugeber zur Verwendung.

Die in einer Vollentsalzungsanlage auftretenden Leitfähigkeitsbereiche können je nach den örtlichen Verhältnissen recht verschieden sein. Beim ersten Kationenfilter wird der Meßwert stark vom Salzgehalt des Rohwassers bestimmt und liegt etwa bei 1000—2000 $\mu S \cdot cm^{-1}$. Nach dem ersten Anionenfilter liegt der Meßbereich meist zwischen 1 und 10 $\mu S \cdot cm^{-1}$. Hinter dem zweiten Anionenfilter (Entkieselung) werden schon spezifische Leitfähigkeiten unter 1 $\mu S \cdot cm^{-1}$ gemessen. Diese bisher angegebenen Meßbereiche bringen meßtechnisch keine besonderen Schwierigkeiten. Das dem Mischbettfilter entnommene Wasser kann aber eine niedrigste Leitfähigkeit von 0,05 $\mu S \cdot cm^{-1}$ erreichen und kommt damit dem theoretischen Wert für reinstes Wasser nahe. Die an diesen Meßstellen einzusetzenden Geber müssen höchsten Ansprüchen bezüglich Isolationswiderstand genügen. Zur Erläuterung sei gesagt, daß der Meßzellenwiderstand bei einer Zellkonstante $C = 1\,cm^{-1}$ bei einer Leitfähigkeit von 0,05 $\mu S \cdot cm^{-1}$ 20 MΩ beträgt. Wenn nun auch Geber zur Anwendung kommen, die durch kleinere Zellkonstante diesen Zellenwiderstand verringern, so sollte ein Isolationswiderstand von über 100 MΩ angestrebt werden, da sich dieser bei längerer Betriebszeit verringern kann.

Nicht nur in Vollentsalzungsanlagen, sondern auch in anderen Einrichtungen der Wasseraufbereitung ist die Leitfähigkeitsmessung neben der pH-Messung zur Überwachung einsetzbar. Bei Na-Austauscheranlagen, bei denen zur Enthärtung die im Wasser enthaltenen Ca- und Mg-Bikarbonate (Härtebildner) umgesetzt werden, kann man nach der Regeneration das Ende des Auswaschens des Natriumchlorids mit Hilfe der Leitfähigkeitsmessung feststellen.

Bei der Kalkenthärtung kann die Sättigung des Kalkwassers mit Leitfähigkeitsmeßgeräten überwacht werden. Dabei ist zu beachten, daß bei derartigen Anlagen ein erhöhter Wartungsaufwand infolge Kalkverkrustung der Elektroden nötig wird.

2.2.2. *Der Wasser-Dampfkreislauf eines Kraftwerkes*

Die in Kraftwerken mit nicht zu hohen Drücken noch vielfach üblichen Verdampferanlagen zur Erzeugung von Kesselspeisewasser können ebenfalls mit elektrochemischen Analysengeräten überwacht werden. Den Verdampfern wird salzhaltiges, entkarbonisiertes und enthärtetes Wasser zugeführt, dessen Alkalität durch pH-Messung überwacht werden sollte. Die abfließende Verdampferlauge sollte mit Leitfähigkeitsmeßgeräten auf ihren Salzgehalt (Eindickungsgrad) untersucht werden. Für einen ordnungsgemäßen Betrieb des Verdampfers ist ein bestimmter Salzgehalt und die richtige Alkalität des Verdampferwassers erforderlich. Anderenfalls kommt es zur Schaumbildung, wobei Salze vom Dampf mitgerissen werden und kein reines, kieselsäurefreies Destillat erhalten wird. Mit Vorteil wird daher nicht nur das Destillat, sondern bereits der Dampf (Verdampferbrüden) mit Leitfähigkeitsmessung auf Verunreinigungen überwacht. Kommt es zum Überschäumen (Spucken) eines Verdampfers, wird das schnell erkannt und das betreffende Destillat kann verworfen werden. Die Leitfähigkeitsmessung der Verdampferlauge kann zu einer Automatisierung der Verdampferabschlämmung benutzt werden, indem durch Steuerung der Abwassermenge und selbsttätigen Zulauf vorgewärmten Frischwassers der Salzgehalt immer innerhalb bestimmter Grenzen gehalten wird.

Die vorstehend beschriebene Verdampferanlage ist in dem in Abb. 44 dargestellten Schema des Wasser- und Dampfkreislaufes einer Kraftwerkskesselanlage enthal-

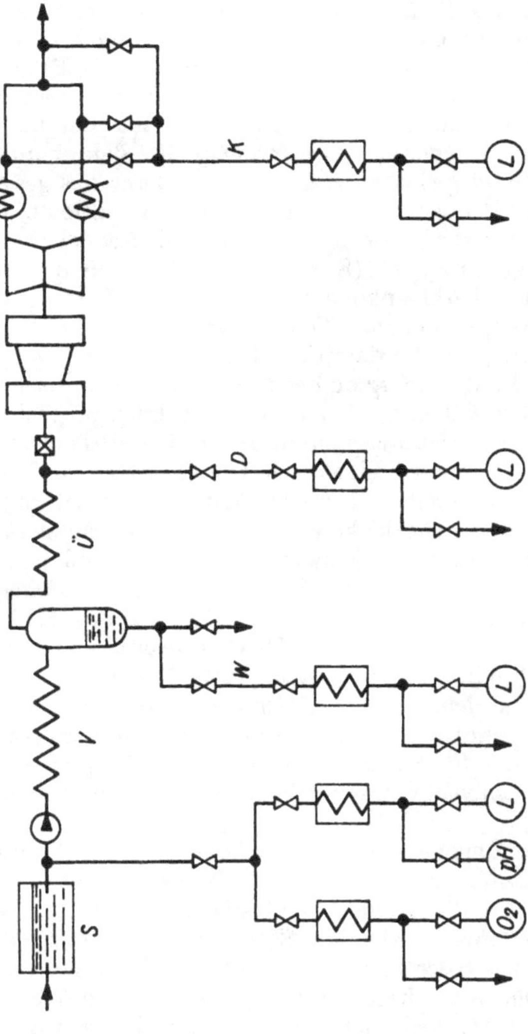

Abb 44. Schema des Wasser-Dampf-Kreislaufes einer Kraftwerkskesselanlage mit der Angabe der wichtigsten **Meßstellen**

S – Speisewassergefäß; *V* – Verdampfer; *Ü* – Überhitzer; *W* – Abschlämmwasser; *D* – Frischdampfprobe; *K* – Kondensatprobe; *L* – Leitfähigkeit; *pH* – pH-Wert; O_2 – Sauerstoff ten. In diesem Schema sind zur Überwachung des Wassers und des Dampfes wichtige Meßstellen angegeben. Unter den angegebenen Meßgrößen nimmt die Leitfähigkeitsmessung einen bedeutenden Platz ein. Es wird überall dort die spezifische Leitfähigkeit gemessen, wo z. B. durch Eindringen von Kühlwasser usw. der Dampf bzw. die Kondensate verunreinigt werden können. Damit erfolgt gleichzeitig eine Überwachung des gesamten Rohrleitungssystems auf seinen einwandfreien Zustand. So werden Messungen des Salzgehaltes im Dampf hinter der Trommel (Kessel) und hinter dem Überhitzer im Turbinenkondensat und im Kesselspeisewasser vorgenommen. Weiter wird durch Leitfähigkeitsmessung die Verdampferanlage (siehe oben) und oft auch der Eindickungsgrad des Kesselwassers kontrolliert.

In vielen Fällen wird der Turbinenabdampf noch zu Heizzwecken usw. ausgenutzt. In solchen Fällen ist es zweckmäßig, die verschiedenen Kondensatrückläufe getrennt zu überwachen. Undichtigkeiten geben sich durch Ansteigen der Leitfähigkeit im Rücklauf zu erkennen, so daß nur das betreffende Kondensat verworfen werden muß.

Im Kraftwerksbetrieb sind alle Leitfähigkeitsmeßstellen als Durchflußgeber ausgeführt, da das Meßgut meist Temperaturen über 100 °C aufweist und unter hohem Druck steht. Eine abgezapfte Probemenge wird gekühlt und dem Geber zugeführt. Zur Entspannung auf Atmosphärendruck werden Drosselstrecken verwendet. Verschiedene Firmen liefern zu ihren Leitfähigkeitsmeßanlagen Entspannungseinrichtungen mit Probenahmekühlern.

Die Leitfähigkeitsmessung des kondensierten Dampfes dient letztlich der Feststellung, ob der Salzgehalt des Dampfes für die Turbinen zulässig ist. — Eine Überschreitung des maximalen Salzgehaltes führt zu den gefürchteten Salzablagerungen auf den Turbinenschaufeln. Daher beschäftigt sich eine große Zahl von Arbeiten sowohl mit den technischen als auch mit den rein physikalischen Fragen des Salzes im Dampf [40—44].

Es üben außer den Salzen, auch die im Dampf bzw. Wasser enthaltenen Gase einen Einfluß auf die Leitfähigkeit aus. Neben dem CO_2, dessen Leitwert sich relativ schwach bemerkbar macht, ist es vor allem das

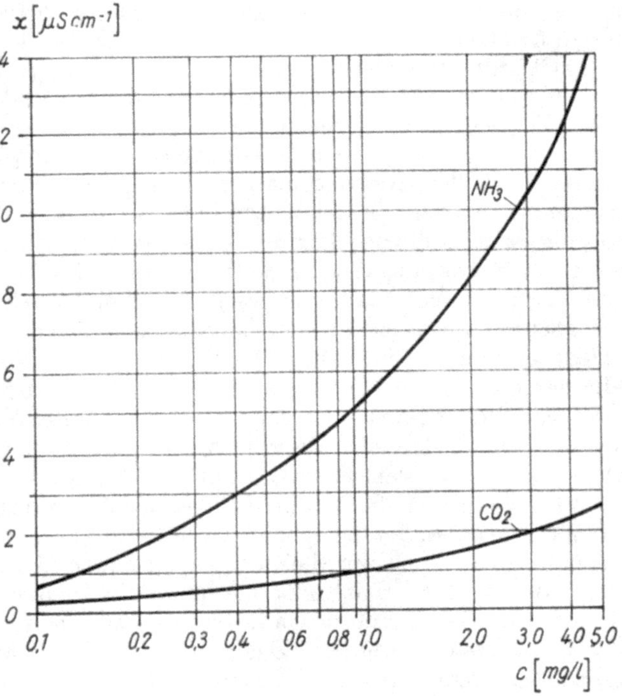

Abb. 45. Durch in Wasser gelöste Kohlensäure bzw. Ammoniak hervorgerufene spezifische Leitfähigkeit

NH_3, welches zur Aufrechterhaltung einer bestimmten Alkalität (Korrosionsschutz) dem Speisewasser zudosiert wird und daher im gesamten Wasser-Dampf-Kreislauf zu finden ist. Abbildung 45 zeigt die durch gelöste Kohlensäure bzw. gelöstes Ammoniak bedingte elektrolytische Leitfähigkeit.

Anwesenheit von NH_3 hat zur Folge, daß Veränderungen des Restsalzgehaltes nicht klar erkannt werden. Da eine zuverlässige Entgasung so kleiner gelöster Gasmengen schwer durchführbar ist — man hat versucht, in den entnommenen Probelösungen das Ammoniak durch Erhitzen auszutreiben — wird häufig die Leitfähigkeit mit zwei Gebern unter Dazwischenschaltung eines Kationenaustauschfilters gemessen. Mit der ersten Meßstelle (sie kann gegebenenfalls auch weggelassen werden) wird die Gesamtleitfähigkeit des Dampfes gemessen. Im Kationenaustauscher werden das Ammoniak und alle Basen in bekannter Weise in Wasser, die gelösten Salze in die zugehörigen Säuren verwandelt. An der zweiten Leitfähigkeitsmeßstelle ist daher zwar der Einfluß des Ammoniaks völlig beseitigt, störend machen sich aber die unterschiedlichen Leitfähigkeiten der verschiedenen Säuren bemerkbar. Der Einfluß des der Meßzelle vorgeschalteten Kationenaustauschers hängt daher stark von der Zusammensetzung des Salzgehaltes des Dampfes ab. Ändert sich diese nicht, so gibt die Leitfähigkeitsmessung den Restsalzgehalt im Dampf recht gut wieder, andernfalls muß man es bei der Auswertung der Meßergebnisse entsprechend berücksichtigen.

Nicht nur im Kraftwerksbetrieb, sondern auch überall dort, wo Dampf zu Heiz- oder Kochzwecken eingesetzt wird, kann das Kondensat auf Säure- bzw. Salzeinbrüche überwacht werden. Das trifft besonders auf galvanische Bäder, Reaktionskessel in der chemischen Industrie, Zellstoffkocher usw. zu, deren Heizschlangen auf Defekte überwacht werden können. Es genügen dafür relativ einfache Geräte, da das Kondensat nur auf Überschreitung eines Grenzwertes überwacht werden soll. Derartige Leitwertprüfer, die meist auf eine direkte Anzeige des Leitwertes verzichten, wurden im Abschn. 1.2. beschrieben.

Eine besondere Bedeutung hat eine derartige Überwachung bei der Wartung von Schiffskesselanlagen, da hier das Kondensat durch Kühlung mit Seewasser gewonnen wird.

Es soll hier eingeschaltet werden, daß auch die Spurenbestimmung von gelöstem Sauerstoff durch Leitfähigkeitsmessung möglich wird. Die Sauerstoffmessung ist im Kraftwerksbetrieb besonders wichtig, da von dem im Kesselwasser gelösten Sauerstoff gefährliche Korrosionen an Rohrleitungen, Pumpen, Kesselrohren usw. hervorgerufen werden können. Wie das Schema des Wasser- und Dampfkreislaufes eines Kraftwerks (Abb. 44, S. 83) zeigt, sollte zumindest bei Hochdruckanlagen in der Kesselwasserleitung der Sauerstoffgehalt im Speisewasser gemessen werden.

Der Sauerstoffgehalt wird im Speisewasser durch Hydrazindosierung niedrig gehalten und erreicht Werte von etwa 10—20 ppb (parts per billion) entsprechend etwa 10—20 μg/l. Die Hydrazindosierung zur chemischen Entgasung darf aber nur im Verhältnis zur Sauerstoffkonzentration vorgenommen werden. Meßgeräte zur Kontrolle des gelösten Sauerstoffs im Kesselspeisewasser müssen daher sehr empfindliche Meßbereiche besitzen.

Die meisten handelsüblichen Meßgeräte für gelösten Sauerstoff arbeiten mit einem amperometrischen Meßverfahren. Der Analysator für gelösten Sauerstoff Modell 762 der Beckmann Instruments, München, wendet als Meßprinzip die Leitfähigkeitsmessung an und erreicht damit ausgesprochen empfindliche Meßbereiche bei großer Meßgenauigkeit. Als empfindlichster Meßbereich ist z. B. 0—10 ppb gelöster Sauerstoff bei einer Genauigkeit von $\pm$0,5 ppb möglich.

Das Gerät besteht aus dem Analysenteil und dem Meßgeräteteil. Das Meßprinzip ist das folgende: Die dem Analysenteil zugeführte Meßlösung (hochreines Kesselspeisewasser) wird in zwei Teilströme aufgeteilt. Eine Hälfte durchfließt eine Bezugs-Leitfähigkeitsmeßzelle zur Messung der Grundleitfähigkeit des Wassers. Die andere Hälfte durchfließt eine Reaktionskammer. Hier reagiert in einer spezifischen Reaktion der im Wasser gelöste Sauerstoff mit metallischem Thallium:

$$O_2 + 4\,Tl + 2\,H_2O \rightarrow 4\,TlOH \tag{5}$$

Diese Umsetzung verläuft sehr schnell und ist unter vorliegenden Analysenbedingungen nicht reversibel. Der Sauerstoff wird also in einen Elektrolyten, das Thalliumhydroxid umgewandelt, dessen Konzentration in einer zweiten Leitfähigkeitsmeßzelle gemessen wird. Die Differenz der spezifischen Leitfähigkeiten vor und nach der Reaktion ist ein direktes Maß für den Gehalt an gelöstem Sauerstoff im Speisewasser.

Beide Leitfähigkeitsmeßzellen werden in einer Differenz-Wheatstone-Brücke zusammengeschaltet, deren Diagonalstrom in einem volltransistorisierten Wechselspannungsverstärker verstärkt und nach phasenempfindlicher Gleichrichtung auf einem in ppb-O_2-geeichtem Instrument angezeigt wird.

2.2.3. Leitfähigkeitsmessung in Gebrauchswasser und Abwasser

In dem Maße, wie der Wasserverbrauch durch die überall zunehmende Industrialisierung steigt, erhöht sich auch die Verschmutzung der Flüsse, vor allem in den dichtbesiedelten Ländern. Dieses überaus ernst zu nehmende Problem zwingt alle Betriebe, die in nennenswertem Umfang Wasser verbrauchen, ständig zu kontrollieren, ob dieses für ihre Zwecke brauchbar ist. Sie sind aber vor allem auch verpflichtet, das ihren Betrieb verlassende Abwasser so zu behandeln, daß es den Vorfluter nicht zu stark belastet.

Für die Beurteilung eines Gebrauchswassers ist neben der Verschmutzung durch Feststoffe, der Sauerstoffzehrung, dem pH-Wert und anderen Faktoren vor allem auch die Salzbelastung von Bedeutung. Mit der Leitfähigkeitsmessung ist eine Methode gegeben, die im Gegensatz zur Bestimmung des Abdampf- oder Glührückstandes eine momentane Beurteilung des Salzgehaltes eines Gebrauchswassers zuläßt. Auch im freien Gelände ist eine Messung möglich, da Meßgeräte mit Batteriebetrieb zur Verfügung stehen.

Bereits KOHLRAUSCH und HOLBORN [14] machten darauf aufmerksam, daß mit der Leitfähigkeitsmessung ein Überschlag über die Menge der im Wasser enthaltenen Verunreinigungen erhalten werden kann. Sie gaben für Quellwasser normaler Zusammensetzung finen Umrechnungskoeffizienten von spezifischer Leiteähigkeit und Salzgehalt an. Ihre Beziehung

$$\text{Konzentration mg Salz/l} = \varkappa \cdot 7{,}5 \cdot 10^5$$

basierte auf theoretischen Überlegungen.

Schon mehrfach wurde ausgeführt, daß Gl. (1) nur für rein binäre Systeme gilt und daß bei mehreren gelösten Salzen die spezifische Leitfähigkeit praktisch als Summe aller Einzelionenbeweglichkeiten erscheint (allerdings nur bei schwachen Lösungen bis etwa 100 mg/l). Die Unterschiede der Beweglichkeiten der verschiedenen Kationen und Anionen geben Berechtigung zu der Annahme, daß gerade bei Quell- und Flußwasser sehr große Unterschiede im Verhältnis Leitfähigkeit/Salzgehalt bestehen müßten, da die Wässer je nach ihrer Herkunft die verschiedensten Salze gelöst enthalten.

Es stellt sich jedoch heraus, daß die in der Beziehung

$$c = K \cdot \varkappa \,[\text{mg/l}] \tag{6}$$

auftretende Konstante für Wasser verschiedenster Herkunft nicht so bedeutend variiert, wie angenommen wurde.

Vergleichende Untersuchungen wurden z. B. von HOWARD [45] vorgenommen, der Wasseranalysen von 12 amerikanischen Flüssen durchführte. Obwohl sich das Verhältnis zwischen den einzelnen Bestandteilen um ein Vielfaches änderte, schwankte der Umrechnungskoeffizient K nur zwischen 5,1 und $7{,}8 \cdot 10^5$. Die meisten Werte gruppieren sich eng um den Mittelwert $6{,}4 \cdot 10^5$, der damit etwas niedriger als der von KOHLRAUSCH angegebene ($7{,}5 \cdot 10^5$) liegt. Der von ŠANDERA [46] angegebene Wert von $7{,}0 \cdot 10^5$ scheint die Verhältnisse am besten wiederzugeben. Bei höheren Salzgehalten gilt natürlich der einfache Umrechnungsfaktor $7{,}0 \cdot 10^5$ nicht mehr und es würden zu niedrige Ergebnisse erhalten werden. In solchen Fällen ist es am günstigsten, das Flußwasser definiert zu verdünnen.

Die Kontrolle des Salzgehaltes spielt auch bei der Beurteilung von Grundwasser eine große Rolle, welches durch salzreiches Oberflächenwasser verändert werden kann. Gleiches trifft für die Prüfung des hydrologischen Standards, das ist die unveränderliche Zusammensetzung des Mineralwassers einer Quelle [15], zu.

In der Abwassertechnik hat die Leitfähigkeitsmessung bisher keine Bedeutung erlangt. Der hauptsächlichste Grund dafür ist sicherlich der relativ hohe Wartungsaufwand, den eine solche Anlage erfordert, da der Verschmutzungsgrad der Elektroden im Abwasser groß ist. Es ist wasserwirtschaftlich aber durchaus nicht gleichgültig, ob gleiche Abwassermengen nur mit einem Salzgehalt von 1 g/l oder von 100 g/l dem Vorfluter zugeleitet werden. Natürlich hängt die Salzmenge, die mit einem Abwasser dem Fluß zugeführt werden kann, davon ab, wie die Wasserführung des Flusses ist und wie hoch er schon mit Salzen belastet ist. Es wird daher vielfach der Salzgehalt des Flusses vor der Einleitstelle und in genügender Entfernung hinter der Einleitstelle des Abwassers, an der eine ausreichende Vermischung erreicht worden ist, durch Leitfähigkeitsmessung ermittelt [47]. Für diese Messungen kommen nur registrierende Leitfähigkeitsmeßgeräte in Frage, da die Wasserbehörde meist verlangt, daß die Erfüllung der gestellten Forderung durch Schreiberdiagramme belegt wird.

Bei der Abwasserneutralisation kann mit Vorteil die Leitfähigkeitsmessung zur selbsttätigen Regelung herangezogen werden. Man gibt dann das Neutralisationsmittel in zwei Stufen zu. In der ersten Stufe wird eine Grobregelung nach der spezifischen Leitfähigkeit, in der zweiten Stufe dann die Feinregelung nach dem pH-Wert vorgenommen. Die Regelung erfolgt also nach dem im jeweiligen Bereich die größere Empfindlichkeit aufweisenden elektrochemischen Meßwert (s. dazu [20]).

Für die Meerwasseranalytik wurde ein besonderes tragbares Meßgerät entwickelt [48]. Die Skaleneichung des Gerätes erfolgte, wie in der Meerwasseranalytik üblich, in der Meßgröße „Salinität" (S). Es handelt sich hierbei um den Salzgehalt ausgedrückt als Gewichtsteile Salze in 1000 Gewichtsteilen Meerwasser (ppt = parts per thousand). Dieses Gerät besitzt einen Meßbereich von 0–16 ppt und noch einen eingeengten von 16–20 ppt Salinität. Es wird eine maximale Meßgenauigkeit von $\pm 0{,}02$ ppt angegeben. Zur Temperaturkompensation im Bereich von 0–30 °C ist ein NTC-Widerstand als Temperaturfühler vorhanden. Die häufig erwünschte Meßgröße „Chlorinität" (Cl) errechnet sich empirisch aus dem Gesamtsalzgehalt, der Salinität nach folgender Beziehung:

$$\mathrm{Cl} = \frac{S - 0{,}03}{1{,}805} \qquad (7)$$

In der Meerwasseruntersuchung interessiert meist die Schichtung des Meerwassers, die durch Salinitätsmessung mit versenkbaren Meßstrecken untersucht werden kann. Es lassen sich damit und durch andere Messungen Meeresströmungen erkennen und der Einfluß der sogenannten Süßwasserschüttung in den Mündungsgebieten der großen Flüsse bestimmen. Außerdem sind die Schwankungen des Salzgehaltes in den einzelnen Meeresteilen interessant, besonders im Hinblick auf die Brom- und Jodgewinnung aus Meerwasser.

2.3. Reinheitskontrollen

Die sogenannte Aschebestimmung in der Zuckerindustrie ist eine der bekanntesten und schon frühzeitig industriell angewandten Elektrolytbestimmungen zur Reinheitskontrolle.

Bei der Zuckerraffinerie ist es sehr wichtig, daß möglichst wenige Elektrolyte im Zucker enthalten sind, da der Elektrolytgehalt die Kristallisation des Rohzuckers ungünstig beeinflußt. Es wird angegeben, daß ein Teil Salz fünf Teile Zucker an der Kristallisation hindert. Stattdessen erhöht sich der Anteil der minderwertigen, syrupartigen Melasse, also des Nebenproduktes.

Die gravimetrische Salzgehaltsbestimmung ist nur unter Schwierigkeiten durchführbar. Sie erfordert eine langwierige Veraschung des Zuckers (hierher stammt die Bezeichnung „Aschebestimmung“) und erfaßt nicht nur die löslichen Salze, sondern auch die unlöslichen Bestandteile des Zuckers.

Nachdem schon relativ früh die direkte Proportionalität zwischen Aschegehalt und Leitfähigkeit der Zuckerlösung erkannt worden war [49, 50], befaßte sich eine große Zahl von Arbeiten mit einer Aschebestimmung durch Leitfähigkeitsmessung. Es wurde eine Reihe von Vorschriften für die Aschebestimmung in Rübenzucker, Rohrzucker, Melasse, Raffinade usw. ausgearbeitet, die sich zum Teil in der Konzentration der Zuckerlösung unterscheiden. Eine Zusammenstellung der verschiedenen Methoden mit ausführlichen Literaturhinweisen bringt Sandera [46]. Die Praxis zeigt, daß diese Schnellmethode durchaus einwandfreie Werte für die Beurteilung der Produkte der Zuckerindustrie liefert, obwohl bei der Leitfähigkeitsmessung die unlöslichen Bestandteile und die organischen Begleitverbindungen nicht erfaßt werden.

Die praktische Messung wird wie folgt durchgeführt; Eine bestimmte Menge Zucker (meist 5 g $\pm 0{,}1$ g) wird in einem 100 cm^3 Meßkolben mit bi-destilliertem Wasser gelöst und bis zur Marke aufgefüllt. Aus der gemessenen spezifischen Leitfähigkeit bei 20 °C wird der Aschegehalt nach folgender Beziehung errechnet:

$$A = K \cdot \varkappa \text{ [Gew.-\%]} \qquad (8)$$

Die Umrechnungskonstante K ist von verschiedenen Bearbeitern empirisch durch Veraschungsmethoden bestimmt worden. Es geben für die Zuckerkonzentration 5 g/100 cm³ als Wert für K an:

LANGE [51]	$K = 1800-1860$
TRENKLER [52]	$K = 1740$
LUNDÉN [53]	$K = 1880$
ŠANDERA [54]	$K = 1700$

Die konduktometrische Aschebestimmung hat sich allgemein durchgesetzt. Die dafür entwickelten Geräte sind meist direkt in Aschegehaltsprozent geeicht. Es handelt sich meist um WHEATSTONE-Brücken, die mit Handabgleich arbeiten.

Eine weitere Anwendung findet die Leitfähigkeitsmessung in der Zuckerindustrie bei der Kochkontrolle. Die Leitfähigkeit der Füllmasse der Vakuumkocher wird kontinuierlich registriert, weil sich aus dem charakteristischen Kurvenverlauf die Kristallbildung und jeder Saft- oder Wasserzulauf eindeutig erkennen läßt.

Außer zur Reinheitsbestimmung von Zucker dient die Leitfähigkeitsmessung in verschiedenen Fällen auch zur Reinheitsbestimmung anderer Produkte. Es handelt sich dabei sowohl um Lebensmittel, wie Milch, als auch um technische Produkte. Verfälschungen werden durch eine veränderte spezifische Leitfähigkeit schnell erkannt. Die in Wasser löslichen Verunreinigungen von $BaSO_4$, Aktivkohle, Sand, Filtrierpapier und vielen anderen Stoffen werden durch Extraktion mit Wasser bekannter Leitfähigkeit und anschließender Leitfähigkeitsbestimmung ermittelt, wobei lediglich eine eventuell auftretende Eigendissoziation des zu untersuchenden Stoffes berücksichtigt werden muß.

Auch Wassergehaltsbestimmungen konnen konduktometrisch vorgenommen werden; denn es ist eine Tatsache, daß bereits kleine Mengen von Wasser die Leitfähigkeit von verschiedenen flüssigen Nichtelektrolyten stark verändern. Die Kontrolle des Wassergehaltes in Flüssigkeiten kann als Umkehrung der Konzentrationsbestimmung (z. B. an hochkonzentrierten Säuren) durch Leitfähigkeitsmessung gesehen werden. Der Einfluß kleiner Wassermengen auf die Leitfähigkeit von Essigsäure wurde bereits erwähnt. In ähnlicher Weise wirken sich auch geringe Wasserspuren und kleinste Elektrolytspuren auf die spezifische Leitfähigkeit anderer organischer Flüssigkeiten aus. Daher kann die Leitfähigkeitsmessung wertvolle Hinweise auf die Reinheit und Wasserfreiheit vieler Stoffe geben. So verwendet auch Schwabe [55] die Leitfähigkeitsmessung als Kriterium für die Reinheit der bei der Untersuchung der Säurekorrosion in wasserfreien Lösungsmitteln benutzten Lösungsmittel und organischen Säuren.

Die Wassergehaltsmessung in festen Stoffen ist am einfachsten durch Extraktion des Wassers mit einem geeigneten Lösungsmittel. Gehaltsbestimmungen direkt an festen Körpern sind mit Komplikationen verbunden. Es kann gesagt werden, daß die Wassergehaltsbestimmung durch Leitfähigkeitsmessung nur dann brauchbare Ergebnisse liefert, wenn die Meßtechnik dem zu untersuchenden System optimal angepaßt wird. Das gleiche trifft für die Beurteilung der Verunreinigung von Isolierstoffen durch Elektrolyte zu. Diese Probleme werden von Oehme [16, 56] sowie Šandera [46] ausführlich behandelt.

Bei der Herstellung von schwerlöslichen Produkten hängt die Qualität des produzierten Stoffes sehr oft davon ab, daß alle löslichen Verunreinigungen sorgfältig entfernt werden. Das Auswaschen sowohl dieser Stoffe wie auch von Filterkuchen auf Filterpressen läßt sich durch Leitfähigkeitsmessung kontrollieren.

Der Auswaschvorgang, der die im Filterkuchen eingebauten löslichen Salze entfernen soll, ist nicht nur ausschlaggebend für die Qualität, sondern auch für die Quantität des erzeugten Produktes. Wird zu wenig gewaschen, werden die Verunreinigungen nicht genügend entfernt; wird zuviel gewaschen, so kann entweder schon ein Teil des Filtrates wieder aufgelöst werden, wodurch die Ausbeute sinkt, oder es wird das oftmals besonders gereinigte Waschwasser vergeudet. Der Zeitfaktor spielt ebenfalls eine Rolle.

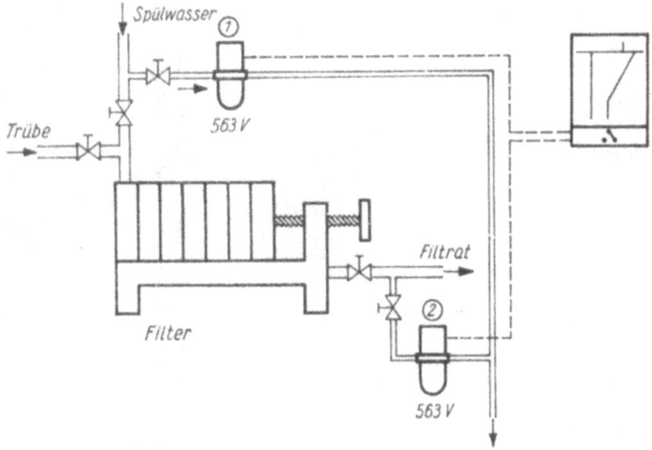

Abb 46. Schematische Darstellung einer Filterpresse mit zwei Leitfähigkeitsmeßstellen im Wasserlauf

Die einzige Möglichkeit, den Waschvorgang mit Wasser in einer Filterpresse messend verfolgen zu können, ist durch die Messung der Leitfähigkeit des Filtrates gegeben. Im Anfang des Auswaschens ist die Leitfähigkeit durch die ausgelösten Verunreinigungen hoch. Sie sinkt nun langsam ab, bis eine Annäherung an die Grundleitfähigkeit des Waschwassers das Ende des Auswaschvorganges angibt.

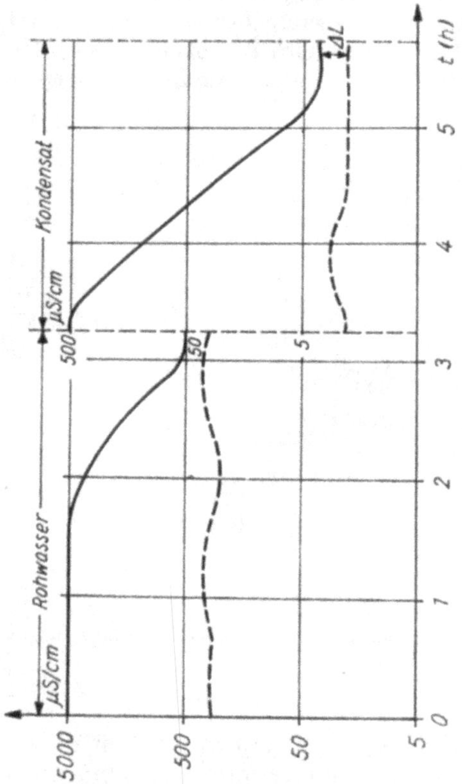

Abb. 47. Leitfähigkeitsänderungen des Filtrates einer Filterpresse (ausgezogene Kurve) im Vergleich zur Leitfähigkeit des verwendeten Rohwassers bzw. Kondensats (gestrichelte Kurve)

Ein Fortsetzen des Auswaschens bleibt wirkungslos auf die Leitfähigkeit, die nur noch um eine kleine Differenz über der Leitfähigkeit des Waschwassers liegt. Es ist klar, daß man so mit einem Minimum an Waschwasser auskommen kann.

In Abb. 46 ist eine Filterpresse und die Meßeinrichtung schematisch dargestellt [57]. Ein Teil des durch die Filterpresse laufenden Wassers fließt durch die Meßzelle *2*. Beide Leitfähigkeitsmeßwerte werden auf einem gemeinsamen Zweifarbenschreiber registriert. Die Annäherung der beiden Meßwertkurven zeigt das Ende des Waschvorganges an. Es ist jedoch vorteilhafter, beide Meßzellen an ein Leitfähigkeitsmeßgerät in Differenzschaltung anzuschließen. Es wird dann nur die Differenz beider Meßwerte gemessen, so daß der Endpunkt des Auswaschvorganges durch Annäherung des Meßwertes an Null gegeben ist.

Zur sparsamen Verwendung von besonders aufbereitetem Waschwasser (Kondensat, Deionat) kann die Kontrolle des Auswaschvorganges durch Leitfähigkeitsmessung dadurch beitragen, daß zuerst das Auswaschen mit Rohwasser verfolgt wird, bis kein Wascheffekt mehr festzustellen ist (siehe dazu Abb. 47.). Die Umschaltung auf Waschwasser besserer Qualität erfolgt dann im richtigen Zeitpunkt, gegebenenfalls auch automatisch. Dabei wird gleichzeitig der Meßbereich der Meßgeräte umgeschaltet und der Auswaschvorgang wird im empfindlicheren Meßbereich bis zum Ende verfolgt.

Bei der Automatisierung des Waschens ist die Differenzmessung vorteilhaft, da die Fortsetzung des Auswaschens mit besserem Wasser nicht einmal einen anderen Meßbereich benötigt; denn es werden ja nur Differenzen in Prozent angegeben. Bei der Differenzmessung erübrigt sich bekanntlich auch eine Berücksichtigung der Temperatur des Wassers.

2.4. Eluatkontrolle

Ein wichtiges Anwendungsgebiet für die Differenzmeßtechnik ist die Eluatkontrolle chromatographischer oder Ionenaustauschsäulen. Die Chromatographie hat große analytische Bedeutung unter anderem auch für die Abtrennung und Identifizierung geringer Verunreinigungen. Abb. 48. zeigt z. B. eine Anordnung zur Eluatkontrolle an einer chromatographischen Säule. Es ist eine Meßstrecke vor und eine Meßstrecke hinter der Säule angeordnet. Beide Leitfähigkeitsmeßstrecken (*a* und *b*) sind an eine Differenz-WHEATSTONE-Brücke geschaltet, die anfangs einmal auf Null abgeglichen wird, wenn beide Meßstrecken von der reinen Eluationsflüssigkeit durchflossen werden.

Bei der Eluatkontrolle geben sich die sogenannten Zonen durch Leitfähigkeitsdifferenzen zu erkennen, die sowohl durch Verringerung als auch durch Erhöhung der Leitfähigkeit in der zweiten Meßstrecke hervorgerufen sein können.

Die Differenzmessung ist vor allem dann nötig, wenn die Elutionsflüssigkeit selbst eine Elektrolytlösung ist. So werden zur Eluierung von Austauschersäulen oft sauer reagierende Pufferlösungen verwendet, die eine beträchtliche Grundleitfähigkeit besitzen. Die im Eluat durch die Zonen auftretenden Leitfähigkeitsänderungen sind dann nur gering und werden schwer erkannt. Bei der Differenzmeßtechnik wird die Grundleitfähigkeit eliminiert und eine beachtliche Steigerung der Ansprechempfindlichkeit erreicht. Bei der Elution mit Lösungen nicht zu hoher Eigenleitfähigkeit genügt eine Messung im Auslauf der Säule.

Es werden besondere Schaltungen zur Eluatkontrolle von SIMANEK und JANAK [58], von DE VERDIER und SJÖBERG [59] und von DRAKE [60] angegeben. An sich kann zur Messung auch jedes handelsübliche Gerät in Brückenschaltung, welches einen zusätzlichen Anschluß

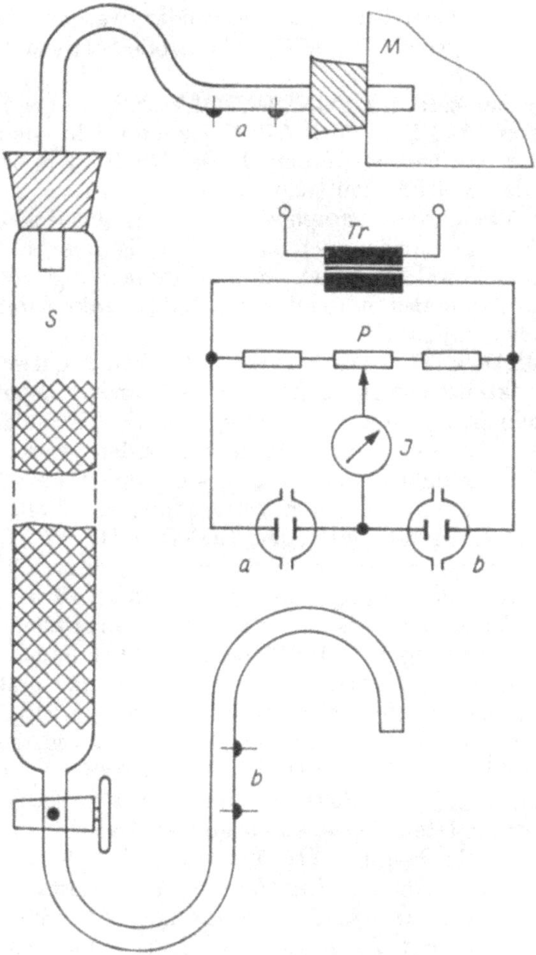

Abb. 48. Anordnung zur Eluatkontrolle einer chromatographischen Säule unter Anwendung der Leitfähigkeits-Differenzmessung

S – Chromatographische Säule; *M* – Gefäß für Meßlösung; *Tr* – Transformator; *P* – Abgleichpotentiometer; *I* – Anzeigeinstrument; *a*, *b* – Leitfähigkeitsmeßstrecken für ein Außennormal besitzt, verwendet werden. Es gibt aber auch speziell für die Eluatkontrolle entwickelte Geräte.

Als Beispiel soll der CONDUCTOLYZER und sein Zubehör von LKB-Produkter AB, Stockholm/Schweden, etwas näher beschrieben werden. Dieses Gerät ist außer zur normalen Leitfähigkeitsregistrierung vor allem zur Eluatkontrolle chromatographischer Säulen entwickelt worden. Es eignet sich auch zur Kontrolle des Salzgehaltes in Gewebekulturen, zur Überwachung der Zusammensetzung des Substrates von Bakterienkulturen und ähnlichen Aufgaben.

Der CONDUCTOLYZER Type 5300 kann entweder als direktanzeigendes Leitfähigkeitsmeßgerät hoher Empfindlichkeit und guter Stabilität oder als Leitfähigkeits-Meßbrücke mit Handabgleich verwendet werden, wobei eine Genauigkeit von $\pm 0{,}25\%$ über einen weiten Bereich erreicht wird. Bei der Verwendung als direktanzeigendes Meßgerät wird der CONDUCTOLYZER zusammen mit einem tragbaren Schreiber benutzt. Die Empfindlichkeit der Anzeige kann so verändert werden, daß der Vollausschlag des Schreibers einer maximalen Widerstandsänderung von 100% oder einer minimalen von 0,5% entspricht. Es lassen sich also mit diesem Gerät außergewöhnlich kleine Leitfähigkeitsänderungen registrieren, wie das auch bei der Eluatkontrolle nötig ist.

In Abb. 49. sind der CONDUCTOLYZER Type 5300 B, der zugehörige Schreiber und die zur Eluatkontrolle verwendeten Meßzellen abgebildet. Das Prinzipschaltbild des Meßgerätes (*1*) mit Meßzelle (*2*) und Schreiber (*3*) zeigt Abb. 50. Die Meßzelle R_4 ist Bestandteil einer Art WHEATSTONE-Brücke, die noch die festen Widerstände R_2 und R_3 sowie den Brückenabgleichwiderstand R_1 enthält. Gespeist wird die Brücke mit Wechselspannung 2000 Hz aus dem Oszillator (*4*). Da die Widerstände R_2 und R_3 in ihrem Wert gegen R_1 und R_4 vergleichbar groß gewählt wurden, hängt der Strom durch R_1 und der Strom durch R_4 nicht vom Wert dieser

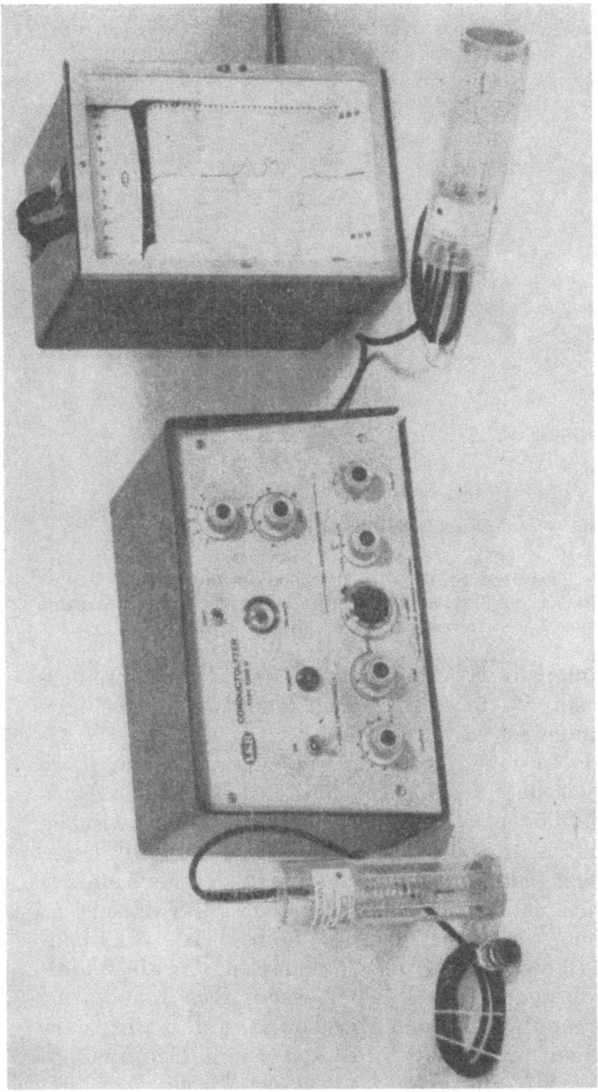

Abb. 49. CONDUCTOLYZER Type 5300 B mit Schreiber und Meßzellen (*Hersteller*: LKB — Produkter AB, Stockholm/Schweden)

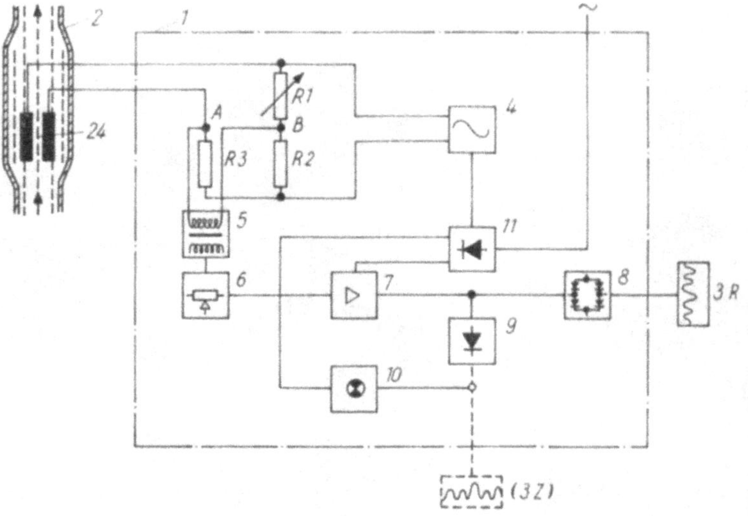

Abb. 50. Prinzipschaltbild des CONDUCTOLYZERS Type 5300

1 – Meßgerät; *2* – Meßzelle; *3* – Schreiber; *4* – Oszillator; *5* – Trenntransformator; *6* – Empfindlichkeitsregler; *7* – Verstärker; *8* – Diskriminator; *9* – Gleichrichter; *10* – magisches Auge; *11* – Stromversorgung; *R*1, *R*2, *R*3 – Widerstände

Widerstände ab. Es folgt daraus, daß der Spannungsabfall über R_1 bzw. R_4 proportional dem jeweiligen Widerstandswert ist.

Wird die Brücke durch den Abgleichwiderstand R_1 so abgeglichen, daß R_1/R_2 gleich R_4/R_3 ist, so ist der Spannungsabfall über R_1 gleich dem über R_4 und zwischen den Punkten A und B ist keine Spannungsdifferenz. Ändert sich jedoch der Widerstand in der Meßzelle, so ändert sich der Spannungsabfall über der Meßzelle R_4 im gleichen Verhältnis. Es wird dann ebenso ein Spannungsabfall zwischen A und B gemessen, der die Widerstandsänderungen von R_4 linear wiedergibt.

Die Spannungsdifferenz zwischen A und B wird über einen Trenntransformator (*5*) und einen Empfindlichkeitsregler (*6*) auf einen Verstärker (*7*) gegeben, um einen für die Registrierung genügend großen Strom zu erhalten. Dem Schreiber (3*R*) ist noch ein Diskriminator (*8*) zur phasenrichtigen Gleichrichtung des Wechselstroms vorgeschaltet, der gleichzeitig den Einfluß der Zellkapazität zu eliminieren gestattet. Damit registriert der Schreiber nur die reinen Widerstandsänderungen.

Der Verstärkerausgang steuert außerdem noch ein magisches Auge (*10*) als Abgleichindikator über einen Gleichrichter (*9*), der zusätzlich noch eine Spannung abgibt, die der Größe der Impedanz der Meßzelle proportional ist und die mit einem Schreiber (3*Z*) registriert werden kann. Die gleichzeitige Aufzeichnung der ohmschen Komponente und Impedanz gibt Aufschluß über die kapazitiven Einflüsse in der Meßzelle.

Wird der CONDUCTOLYZER als Meßbrücke mit Handabgleich betrieben, sind 3 Meßbereiche und zwar 0—500, 0—2000 und 0—10000 Ω wählbar. Der Abgleichwiderstand R_1 wird durch ein zehngängiges Wendelpotentiometer und ein zusätzliches „Nonius"-Potentiometer gebildet, wodurch ein scharfer Brückenabgleich mit Hilfe des Abstimmungsanzeigers gewährleistet ist. Die Meßgenauigkeit beträgt $\pm 0{,}25\%$.

Sollen mit dem Gerät Änderungen des Zellenwiderstandes registriert werden, wie das bei der Eluatkontrolle als Zonennachweis nötig ist, wird zuerst die Brücke mit Hilfe des Abstimmanzeigers dadurch auf Null abgeglichen, daß der Abgleichwiderstand R_1 an den Widerstand der von unveränderter Elektrolytlösung, z. B. Elutionsflüssigkeit, durchflossenen Meßzelle angepaßt wird. Der Schreiber, dessen mechanischer Nullpunkt auf Skalenmitte gestellt ist, registriert dann phasenrichtig die Änderungen des Zellenwiderstandes. Je nach dem, ob diese Änderungen durch größere oder sehr kleine Leitfähigkeitsänderungen der die Zelle durchströmenden Elektrolytlösung bewirkt werden, wird die Empfindlichkeit des Meßgerätes eingestellt.

Der CONDUCTOLYZER bietet auch die Möglichkeit, eine zweite Meßzelle anzuschließen und so in bekannter

Weise Differenzmessungen, z. B. zwischen Elutionsflüssigkeit vor und hinter einer chromatographischen Säule, durchzuführen.

Die Meßzellen werden mit verschiedenen Zellkonstanten angeboten. Abbildung 51 zeigt eine für die Eluatkontrolle

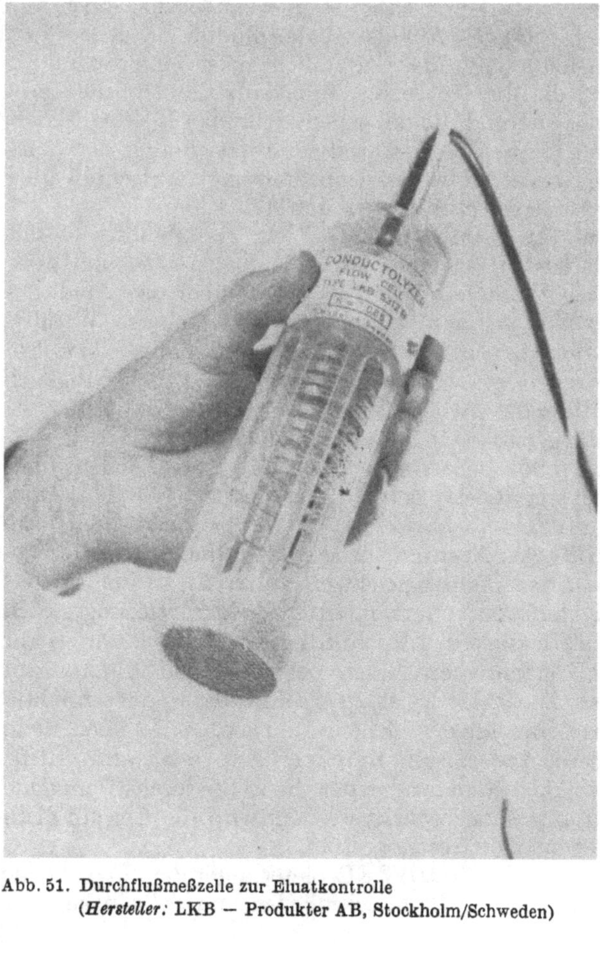

Abb. 51. Durchflußmeßzelle zur Eluatkontrolle
(*Hersteller:* LKB – Produkter AB, Stockholm/Schweden)

Abb. 52. Präzisionsthermostat zur Temperierung der Meßzellen bei der Eluatkontrolle
(*Hersteller:* LKB – Produkter AB, Stockholm/Schweden)

geeignete Durchflußmeßzelle. In einem Schutzkorb aus Kunststoff ist eine Glasspirale angeordnet, die von der Meßflüssigkeit durchströmt werden muß, ehe diese am Ende der Glasspirale eine aus zwei Platinelektroden gebildete Meßstrecke passiert. Da bekanntlich bei Präzisionsmessungen mit hoher Empfindlichkeit die

Temperatur der Meßlösung in hohem Maße konstant sein muß, wird die ganze Meßzelle in einen Präzisionsthermostaten eingesetzt. Abbildung 52 zeigt den von LKB-Produkter als Zubehör zum CONDUCTOLYZER gelieferten Präzisionsthermostaten, der eine absolute Temperaturkonstanz von besser als ±0,002 °C über 8 Stunden erreicht. Wie in Abb. 52 zu sehen, können auch zwei Durchflußzellen in den Thermostaten eingesetzt werden.

2.5. Gasanalyse durch Leitfähigkeitsmessung

Selbsttätig arbeitende Gasanalysengeräte haben durch die Entwicklung robuster, betriebssicherer konduktometrischer Gasspurenmeßgeräte eine wertvolle Bereicherung erfahren. Die sehr weitgehende Vervollkommnung der Geräte führte zu einer steigenden Anwendung vor allem in der chemischen Industrie und im Bergbau, wo die Feststellung geringster Gasverunreinigungen oft notwendig ist. So wird in der chemischen Industrie die laufende Kontrolle der Reinheit von Gasen gefordert oder es muß das Endgas z. B. bei der Schwefelsäureherstellung auf SO_2 kontrolliert werden. Bei katalytischen Reaktionen können Spuren von H_2S zu Katalysatorvergiftungen führen.

Voraussetzung für die Messung einer bestimmten Gaskomponente in einem Gasgemisch ist, daß die fragliche Komponente in einer möglichst selektiv wirkenden Reaktionsflüssigkeit von geeigneter Konzentration zur Absorption gebracht wird. Diese Absorption kann im einzelnen auf einer rein physikalischen Auflösung oder einer spezifischen chemischen Reaktion bestehen, es muß nur eine genügend große Änderung der spezifischen Leitfähigkeit der Reaktionsflüssigkeit in Abhängigkeit von der Konzentration der Gaskomponente eintreten. Es ist aber auch sehr wichtig, daß durch eine geeignete Absorptionstechnik (Reaktionszeit, Länge der Reaktionsstrecke, Feinheit der Gasblasen usw.) eine vollständige

Gleichgewichtseinstellung zwischen Gas und Reaktionslösung erreicht wird. Neben Gaskomponenten, die mit einer Reaktionsflüssigkeit direkt reagieren und so auch direkt gemessen werden können, werden andere Gasbestandteile vor der Messung in einer Sekundärreaktion z. B. durch Verbrennung erst in reaktionsfähige Stoffe umgewandelt und so indirekt gemessen.

Die in der Absorptionsflüssigkeit auftretende Änderung der spezifischen Leitfähigkeit ist ein direktes Maß für die zu messende Gaskonzentration, so daß man mit den elektrischen Anzeige- oder Schreibgeräten der Leitfähigkeitsmeßeinrichtung den Meßwert ohne besondere Auswertung direkt anzeigen oder registrieren kann. Bei der kontinuierlichen Messung durchströmt ein konstanter Strom des Meßgases und der Reaktionsflüssigkeit eine Reaktionsstrecke und anschließend — nach Entmischung vom Restgas — eine Leitfähigkeitsmeßstrecke. Da die Reaktionsflüssigkeit eine meist erhebliche Ausgangsleitfähigkeit besitzt, die zudem durch kleine Konzentrationsveränderungen geringfügig schwanken kann, wendet man meist die Differenz-Leitfähigkeitsmeßmethode an. Als Vergleichswert dient dabei die Leitfähigkeit der unveränderten Reaktionsflüssigkeit, die in einer Meßstrecke vor der Reaktionsstrecke ermittelt wird. Im einfachsten Falle wird zur Messung an jede Meßstrecke eine Wechselspannung gelegt und die durch die unterschiedlichen Leitfähigkeiten unterschiedlichen Ströme durch die Meßstrecken nach Gleichrichtung gegeneinander geschaltet. Als Meßgröße erscheint nur der Differenzstrom (bzw. die Differenzspannung), deren Wert ein Maß für die Konzentration der Gaskomponente im Gasgemisch ist.

Verfeinerte Meßmethoden stellen die Messung mit Differenzbrücken oder mit Kompensationsschaltungen dar. Sie werden bei der Besprechung handelsüblicher Gasanalysenmeßgeräte näher beschrieben. Bei den meisten Meßgeräten werden die beiden Meßstrecken und die Reaktionsstrecke thermostatisiert, wozu sowohl Luft- als auch Ölthermostaten angewendet werden. Das ist vor allem bei Präzisionsmessungen trotz der Anwendung der Differenzmeßtechnik notwendig, da bei dieser die Temperaturänderungen nur eliminiert werden, wenn sowohl der Temperaturkoeffizient als auch die Temperaturdifferenz zur Bezugstemperatur in beiden Leitfähigkeitsmeßstrecken übereinstimmen. Bei der Absorption verschiedener Gaskomponenten ist aber die Reaktion mit einer Wärmetönung verbunden, wodurch eine Temperaturdifferenz zwischen den beiden Meßzellen entstehen würde und außerdem ändert sich durch die Absorption die Zusammensetzung und damit der Temperaturkoeffizient der Reaktionsflüssigkeit. Die Auswirkungen dieser Einflüsse sind verständlicherweise bei der Differenzmeßtechnik nicht so groß, wie das bei einer einzelnen Meßstrecke der Fall wäre, so daß nicht eine so strenge Temperaturkonstanz erforderlich ist. — Bekanntlich zeigen Elektrolyte eine Temperaturabhängigkeit der Leitfähigkeit von ca. 2%/°C. Soll bei einer Leitfähigkeitsänderung von 5% die Meßgenauigkeitsforderung von $\pm 1\%$ gehalten werden, ist eine Temperaturkonstanz von $\pm 0{,}02\,^\circ$C erforderlich. Daher lassen sich nur bei sorgfältiger Temperierung mit erheblichem apparativen Aufwand mit einzelnen Meßstrecken brauchbare Meßergebnisse erzielen.

Es war bereits erwähnt worden, daß für die Erreichung einer hohen Meßgenauigkeit die Erzielung eines vollkommenen oder wenigstens eines konstanten und reproduzierbaren Reaktions- oder Absorptionsablaufes wichtig ist. Vor allem wenn die Reaktion zeitabhängig verläuft, ist daher die Messung nur so genau wie die Konstanz des Reaktionsablaufes. Daher wird bei den Leitfähigkeits-Gasanalysen-Meßgeräten großer Wert auf eine zeitkonstante Förderung von Gas- und Flüssigkeitsmenge gelegt. Je nach Meßbereich und Gasart wird ein Gasdurchsatz von 5—20 l/h erreicht. Zur Vermeidung von Totzeiten und von Meßfehlern durch Absorption an den Wandungen sollte die Gaszuleitung von der Gasentnahmestelle zum Meßgerät möglichst kurz und aus einem indifferenten Material sein (Glas, Vinidur, Polyäthylen, Teflon).

Die konduktometrische Gasanalyse ist eine außerordentlich empfindliche Meßmethode und daher zur Messung kleinster Gasbeimengungen d. h. zur Spurenbestimmung besonders gut geeignet. Die handelsüblichen Geräte gestatten jedoch in gleicher Weise auch die Messung höherer Gaskonzentrationen. Man erreicht dann die für diese Methode günstigsten Bedingungen durch eine definierte Verdünnung des Meßgases.

Mit den konduktometrischen Gasanalysengeräten können alle Gase gemessen werden, für die ein spezifisch wirkendes Absorptionsmittel vorhanden ist. Weiter sind gasförmige Stoffe meßbar, für die diese Bedingung nach einer Sekundärreaktion (Verbrennung, Hydrierung usw.) erreichbar ist. Man kennt für die verschiedenen Gaskomponenten eine ganze Anzahl von geeigneten Absorptionslösungen, die in Zusammensetzung und Konzentration von den Geräteherstellern vorgeschrieben werden

Als Beispiele sollen genannt werden:

CO_2 : schwach konzentrierte NaOH-Lösung
CO_2 : schwach konzentrierte $Ba(OH)_2$-Lösung
HCl : schwach konzentrierte HCl-Lösung
NH_3 : schwach konzentrierte H_2SO_4-Lösung
H_2S : schwach konzentrierte $CdCl_2$-Lösung
H_2S : schwach angesäuerte $CuSO_4$-Lösung
SO_2 : schwach angesäuerte H_2O_2-Lösung
C_2H_2 : schwach alkalische $AgNO_3$-Lösung
H_2O : Leitfähigkeitsschwefelsäure

CS_2 und andere organische Schwefelverbindungen werden nach Verbrennung als SO_2 bzw. nach Hydrierung als H_2S bestimmt. Kohlenmonoxid und Methan werden vor der Analyse in CO_2 verwandelt. Phosgen wird nach Hydrolyse als Cl_2 gemessen.

Im zu analysierenden Meßgas können neben der zu bestimmenden Gaskomponente andere Gasbestandteile als Störkomponenten enthalten sein, die ebenfalls mit der Absorptionsflüssigkeit reagieren und deren Leitfähigkeit verändern. Sie können in vielen Fällen durch spezifische Absorptionsmittel vor Eintritt des Meßgases in den eigentlichen Analysator beseitigt werden. Die Meßgeräte enthalten zu diesem Zweck zusätzliche Vorlagen zur Entfernung der Störkomponenten.

So ist beispielsweise bei der SO_2-Bestimmung die Ausschaltung der Störkomponenten NH_3 durch Kaliumpyrosulfat, HCl, Cl_2, H_2S und HCN durch Silbersulfat-Kaliumpyrosulfat möglich. Bei den eventuell vorhandenen Störkomponenten NO_2, HF und SO_3 ist eine Ausschaltung des Störeinflusses nicht möglich.

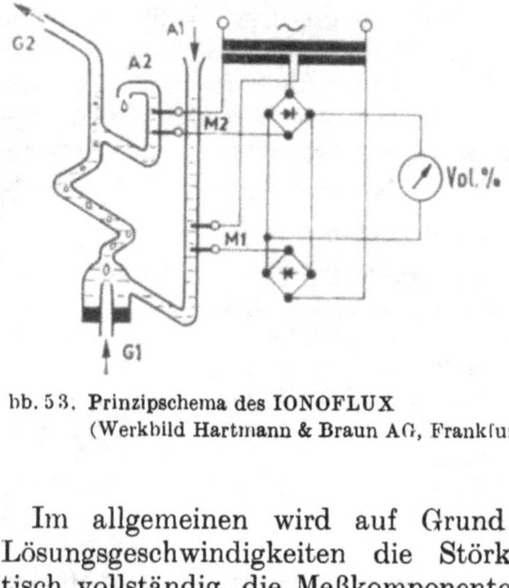

bb. 53. Prinzipschema des IONOFLUX
(Werkbild Hartmann & Braun AG, Frankfurt/Main/BRD)

Im allgemeinen wird auf Grund unterschiedlicher Lösungsgeschwindigkeiten die Störkomponente praktisch vollständig, die Meßkomponente nur unbedeutend gelöst. Treten unter Umständen geringe Meßfehler auf, so können sie meist eingeeicht werden. Die Wirksamkeit der Waschflüssigkeiten wird durch Indikatoren überwacht.

Die konduktometrischen Gasanalysenmeßgeräte erfordern eine sorgfältige Überwachung. Sie besteht aus einer ständigen Kontrolle des Gas- und Absorptionsflüssigkeitsdurchsatzes, Erneuerung der verbrauchten Lösungen und gelegentliche Säuberung der Gas- und Flüssigkeitswege. Zur Eichung und zur Überprüfung werden Eichgase bekannter Konzentration eingesetzt.

Als klassisches Meßgerät dieser Art ist der Gasspurenanalysator IONOFLUX der Firma Hartmann & Braun AG, Frankfurt/Main, BRD, anzusehen. Das Schema dieses Gerätes zeigt Abb. 53. Die Absorptionslösung tritt bei *A1* in die Meßeinrichtung ein. Nach Passieren der Meßstrecke *M1* wird bei *G1* das Meßgas zugemischt. Beide passieren gemeinsam die Reaktionsstrecke. Eingebaute Druckregler und ein Strömungsmesser gewährleisten einen gleichmäßigen Durchsatz des Meßgases und der Absorptionsflüssigkeit. Hinter der Reaktionsstrecke teilt sich der Flüssigkeitsstrom in einen gasfreien Zweig, der die Meßstrecke *M2* enthält, und einen gasführenden Zweig. Bei *G2* entweichen die nichtabsorbierten Gasteile ins Freie, während die Absorptionslösung nach Passieren der Meßstrecke *M2* bei *A2* austritt.

Gemessen wird die Leitfähigkeitsänderung, die die Absorptionslösung in Abhängigkeit von der Konzentration der Gaskomponente erfährt, durch Anlegen von konstanten Wechselspannungen an die Meßstrecken und Anzeige der Differenz der durch die Meßstrecken fließenden Wechselströme nach Gleichrichtung. Durch elektrische Korrekturglieder wird die Empfindlichkeit und der Nullpunkt der Meßanordnung eingestellt.

Wie Abb. 54 zeigt, sind alle Glas-Bauelemente des IONOFLUX in einem Schrankgehäuse untergebracht. Die beiden Meßstrecken und die Reaktionsstrecke befinden sich in einem Ölbad. Bei extrem empfindlichen Meßbereichen wird außerdem noch das Schrankgehäuse wärmeisolierend ausgeführt und der Innenraum zusätzlich mit einem Luftthermostaten auf konstanter Temperatur gehalten. Die elektrischen Bauelemente sind in einem gesonderten Netzgerät untergebracht, welches aus Gründen der Nullpunkteinstellung nahe dem Anzeige- oder Registriergerät montiert werden sollte.

Abb. 54. Gasspurenanalysator IONOFLUX
(Werkbild Hartmann & Braun AG, Frankfurt/Main/BRD)

Der IONOFLUX kann für folgende Meßbereiche ausgelegt werden:

CO_2:	0–100 mg/m³	bis	0–10 g/m³
SO_2:	0– 5 mg/m³	bis	0– 1,5 g/m³
H_2S:	0– 5 mg/m³	bis	0–25 g/m³
NH_3:	0– 50 mg/m³	bis	0–10 g/m³

PH_3/AsH_3:	0– 10 mg/m³	bis	0– 0,1 g/m³
CS_2:	0– 5 mg/m³	bis	0– 1 g/m³
$Cl_2/COCl_2$:	0– 5 mg/m³	bis	0– 1 g/m³
C_2H_2:	0– 20 mg/m³	bis	0– 0,2 g/m³
H_2O:	0– 20 mg/m³	bis	0–20 g/m³

Die Firma Wösthoff oHG, Bochum/BRD, hat ein sehr umfangreiches Lieferprogramm an Leitfähigkeits-Gasanalysengeräten, die sich vor allem im meßtechnischen Teil von anderen Betriebsmeßgeräten unterscheiden.

Das Analysengerät ULTRAGAS 3 dient zur Messung von SO_2, CO_2, H_2S und NH_3 sowohl im labormäßigen als auch betrieblichen Einsatz. Es sind die unterschiedlichsten Meßbereiche möglich, da bei diesen Geräten die Dosierung der Gasmenge durch motorgetriebene Mehrkolbendosierpumpen erfolgt und dabei eine weitgehende automatische Verdünnung des Meßgases vorgenommen werden kann.

Abb. 55. zeigt die eigentliche Meßzelle, die sich zur Erzielung von Temperaturgleichheit in einem Ölbad befindet. Die Reaktionslösung durchläuft zur Temperaturangleichung den Glaswendel G_3 und dann die Leitfähigkeitsmeßstrecke G_1, wo die Leitfähigkeit vor der Reaktion gemessen wird. Nach Vermischung mit dem Meßgas passiert die Lösung die Glaswendel G_4 als Reaktions- bzw. Absorptionsstrecke. G_5 ist der Gasabscheider zur Trennung des Restgases von der Flüssigkeit, die noch die Meßstrecke G_2 zur Messung der Leitfähigkeit nach der Reaktion durchläuft.

Als Meßgerät wird ein Wechselstrom-Kompensationsbandschreiber in Pultform verwendet. Den schematischen Aufbau seiner Meßschaltung zeigt Abb. 56. Die beiden Leitfähigkeitsmeßstrecken bilden mit den festen Widerständen R_3 und R_4 sowie dem Abgleichpotentiometer P eine Differenzmeßbrücke, die mit Wechselspannung gespeist wird. Ändert sich der Widerstand der Meßelektrode, so entsteht eine Brückendiagonalspannung. Diese betätigt nach Verstärkung den Nullmotor, welcher den Mittelabgriff des Potentiometers bis zur Wiederherstellung

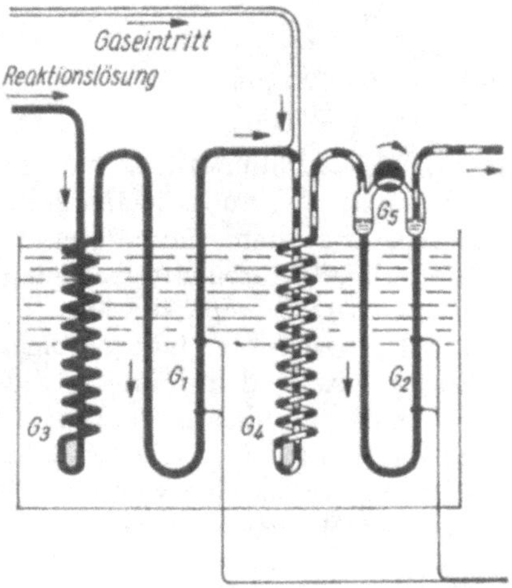

Abb. 55. Aufbau der Meßzelle der Wösthoff-Gasanalysengeräte ULTRAGAS
G_1, G_2 – Leitfähigkeitsmeßstrecke; G_3, G_4 – Glaswendel; G_5 – Gasabscheider

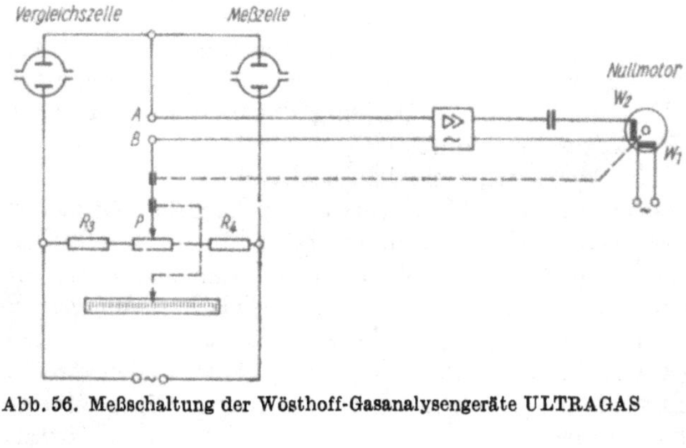

Abb. 56. Meßschaltung der Wösthoff-Gasanalysengeräte ULTRAGAS

des Brückengleichgewichtes verstellt. Mit der Achse des Potentiometers ist der Zeiger des Schreibgerätes direkt gekuppelt, so daß der Meßwert auf der Skala abgelesen und fortlaufend registriert werden kann.

Als reines Betriebsgerät für ortsfesten Einbau und kontinuierliche Messung ist das Gasanalysengerät MIKROGAS anzusprechen. Hier sind die gesamte Analyseneinrichtung, die Meßschaltung und ein Kleinanzeigeinstrument mit Kompensations-Meßwerk in einem Gehäuse zusammengefaßt. Über einen Ferngeber kann ein normales Registriergerät angeschlossen werden.

Das Analysengerät MIKROGAS kann zur Messung einer großen Zahl von Gaskomponenten ausgelegt werden und besitzt einen sehr großen Meßbereichsumfang, da mit einer zusätzlichen Gasdosiervorrichtung eine maximale Verdünnung des Meßgases von 1:2000 erreichbar ist.

Auch die Bestimmung von Kohlenstoff, Schwefel und Sauerstoff in Stahl, organischen Substanzen usw., kann mit einem Gasanalysengerät der Firma Wösthoff oHG, Bochum, mit der Bezeichnung CHARMOGRAPH durchgeführt werden. Die zu untersuchenden Proben werden in einem geeigneten Verbrennungsofen verbrannt und das entstehende Kohlendioxid bzw. Schwefeldioxid in bekannter Weise analysiert (siehe dazu auch [61, 62]).

2.6. Die Wartung von Leitfähigkeitsmeßanlagen

Die Wartung der Leitfähigkeits-Meß-, Registrier- und Kontrollanlagen erreicht nicht den oft recht hohen Aufwand, den die Wartung anderer elektrochemischer Meßeinrichtungen, wie z. B. die pH-Meß-Anlagen, erfordern. Jedoch gilt auch hier, daß der Wartungsaufwand schon bei der Errichtung der Leitfähigkeitsanlage in seiner Höhe festgelegt wird. Je besser die Meßanlage an das betriebliche Meßproblem angepaßt ist, um so geringer sind die Komplikationen, die beim Betrieb auftreten.

Es sollte bereits bei Errichtung von Leitfähigkeitsmeßanlagen beachtet werden, daß der Meßbereich richtig gewählt wird, das Meßgerät so robust wie möglich und so genau wie nötig ist und die Geber der Meßaufgabe gewachsen sind. Es spielt dabei das Verhältnis von Isolationswiderstand der Geber zum unbekannten Zellenwiderstand eine Rolle, wobei man die im Betrieb mögliche Verschlechterung der Isolation einkalkulieren muß. Der Einfluß des Meßkabels als Fehlerquelle muß ebenfalls berücksichtigt werden.

Äußerst wichtig ist die richtige Wahl der Meßstelle, die immer leicht zugänglich sein sollte. Durchflußgeber haben im Gegensatz zu Einbaugebern, besonders wenn sie im Nebenschluß oder mit freiem Auslauf betrieben werden können, wartungstechnisch erhebliche Vorteile. Bei Einbaugebern muß gewährleistet sein, daß die Elektroden vollständig eintauchen, da sonst eine geringere Leitfähigkeit vorgetäuscht wird. Die bei der Kontrolle der Dampfreinheit nötigen Probenahmekühler müssen genügend Leistungsreserve besitzen, um auch bei reduzierter Kühlwassermenge noch zu funktionieren. Die erzeugte Probemenge muß einen ausreichenden Wasserdurchsatz durch den Geber gewährleisten.

Bei einer richtig aufgebauten Leitfähigkeits-Meßanlage beschränkt sich die Wartung auf die Kontrolle,

ob der Durchfluß der Meßlösung durch den Geber gewährleistet ist,
ob die Reduzier- und Kühlstationen einwandfrei arbeiten und
ob die Elektroden in den Gebern nicht verschmutzen.

Eine gelegentliche Reinigung der aus nichtrostendem Stahl bestehenden Elektroden ist anzuraten. Bei Platinelektroden ist in bestimmtem Rhythmus die Platinierung zu erneuern. Oft ist es zweckmäßig, vor den Gebern Schmutz- und Ölfänger vorzusehen und die Geber periodisch zu spülen.

Bei der Überprüfung der Meßgeräte leistet ein Meßstellen-Phantom gute Dienste. Dieses wird anstelle der Meßzelle an das Gerät angeschlossen und simuliert beliebige Leitfähigkeitswerte, die vom Meßgerät richtig angezeigt werden müssen. Abb. 57 zeigt ein solches Prüfgerät für Leitfähigkeitsmeßgeräte, Typ PLF 8 (Hersteller: Wissenschaftlich-Technische Werkstätten GmbH, Weilheim/Obb. BRD). Es gibt Prüfwerte zwischen 10^{-1} und 10^{-7} Siemens in 7 Stufen mit einer Genauigkeit von

Abb. 57. Prüfgerät für Leitfähigkeitsmeßgeräte Type PLF 8 (*Hersteller:* Wissenschaftlich-Technische Werkstätten GmbH, Weilheim/Obb./BRD)

±0,3% vor und dient sowohl zur Funktionskontrolle als auch zur Eichung von Leitfähigkeits-Meß- und Registrieranlagen.

Mit tragbaren Leitfähigkeitsmeßgeräten läßt sich meist leicht überprüfen, ob die zu kontrollierende Leitfähigkeitsanlage einwandfrei arbeitet. Im übrigen sollte man sich bei Störungen an den Anlagen an die entsprechenden Vorschriften des Geräteherstellers halten.

3. Konduktometrische Titrationen

3.1. Allgemeine Grundlagen

Leitfähigkeitsmessungen lassen sich mit Vorteil für analytische Aufgaben heranziehen, wenn andere Verfahren versagen bzw. ungenaue Analysenwerte liefern.

Man gibt allgemein in der quantitativen Analyse den volumetrischen, maßanalytischen Verfahren vor den gravimetrischen Bestimmungen wegen der Kürze der Durchführungszeit den Vorzug. Bei den klassischen Verfahren der Maßanalyse wird das Erreichen des Titrationsendpunktes durch Farbwechsel eines Indikators angezeigt. Sehr oft kann daher das klassische Prinzip nicht angewandt werden, da ein geeigneter Indikator für das betreffende System fehlt oder wenn es sich um die Analyse stark getrübter oder gefärbter Lösungen handelt.

Um nun den immer mehr gesteigerten Ansprüchen der wissenschaftlichen und technischen Chemie entsprechen zu können, mußte die Analytik nach neuen Wegen suchen. Diese wurden gefunden durch die Nutzbarmachung der elektrochemischen Methoden für die Maßanalyse. Hier ist es neben der Potentiometrie, die den Titrationsverlauf anhand von Spannungsmessungen verfolgt, vor allem die Konduktometrie, welche mit Vorteil in die Maßanalyse eingeführt werden konnte. Früher nur dort eingesetzt, wo die klassischen Methoden infolge Eigenfärbungen der Lösungen versagten, verdrängt sie heute auch in anderen einfacheren Fällen, in denen keine Komplikationen zu erwarten sind, die klassischen Titrationsmethoden. Auch in der technischen Betriebskontrolle ist die konduktometrische Titration, die mit Hilfe moderner Geräte in kürzester Zeit durchführbar ist, in vielen Fällen unentbehrlich geworden. Bei Serienanalysen in den Betriebslaboratorien können damit subjektive Fehler ausgeschlossen werden.

Obwohl bereits im Jahre 1895 die konduktometrische Methode zur maßanalytischen Bestimmung verwendet wurde, fand die Leitfähigkeitstitration zunächst wenig Eingang in die analytische Praxis. Das hatte seinen Grund darin, daß die Leitfähigkeitsmessungen früher recht unbequem waren (Telefonmethode) und auch oft nicht empfindlich genug. Mit der fortschreitenden Verbesserung der Leitfähigkeits-Meßtechnik, insbesondere der direktanzeigenden Geräte, wurde die Leitfähigkeitstitration als Analysenmethode mehr und mehr eingeführt.

Mit dem Prinzip der Technik und den Anwendungsmöglichkeiten der konduktometrischen Titration befaßt sich eine große Zahl von Monographien und Arbeiten, von denen hier nur einige genannt sein sollen [16, 63—72]. Daher können sich die folgenden Ausführungen auf einen Überblick über das Anwendungsgebiet und auf die praktische Durchführung der konduktometrischen Titration mit Angabe der verwendeten Geräte beschränken.

Bei fast allen maßanalytischen Bestimmungen — seien es nun Neutralisations-, Fällungs- oder Redox-Titrationen — handelt es sich um Ionenreaktionen, die mit unmeßbar großer Geschwindigkeit ablaufen. Bei diesen Reaktionen ändert sich gewöhnlich die Leitfähigkeit, so daß sie zur Verfolgung des Reaktionsablaufes und vor allem aber als Indikator für die Beendigung der Reaktion dienen kann.

Während der Titration werden in der zu titrierenden Lösung vorhandene Ionen gegen Ionen der Maßlösung ausgetauscht bzw. komplex gebunden. Das kann z. B dadurch geschehen, daß wenig dissoziierte Verbindungen entstehen. Die verbleibende Ionenart der Maßlösung tritt an die Stelle der gebundenen Ionen der zu titrierenden Lösung. Sind die Beweglichkeiten der ausgetauschten Ionenarten verschieden, so wird sich die Leitfähigkeit der Lösung gleichmäßig ändern, bis der Titrationsendpunkt erreicht ist. Wird weiter Maßlösung zugesetzt, so treten jetzt die Ionen der Maßlösung als zusätzliche Stromleiter auf und die Leitfähigkeit wird dadurch erhöht. Am Äquivalenzpunkt ergibt sich daher ein Knick in der Leitfähigkeitskurve. Damit ist der Endpunkt der Titration zu ermitteln, wenn die auftretenden Leitfähigkeitsdifferenzen genügend groß sind.

Eine konduktometrische Endpunktbestimmung ist aber nicht nur möglich, wenn während einer Titration schnell wandernde Ionen durch langsam wandernde ersetzt werden oder umgekehrt. Nach Gl. (1) ist die spezifische Leitfähigkeit proportional der Konzentration und der Summe der Beweglichkeiten:

$$\varkappa = k \cdot c \cdot \sum l \tag{9}$$

Daher treten auch Leitfähigkeitsänderungen auf, wenn sich während einer Titration die Zahl der Ionen ändert.

Bei der konduktometrischen Titration wird also die spezifische Leitfähigkeit in der zu titrierenden Lösung in Abhängigkeit von der Menge zugesetzter Maßlösung ermittelt und in einem sogenannten Titrationsdiagramm — Maßlösung in cm^3 als Abszisse und Leitfähigkeit als Ordinate — festgehalten. Die sich ergebende Kurve wird meist graphisch ausgewertet. Im Normalfall handelt es sich um zwei Geraden, deren Schnittpunkt den Titrationsendpunkt angibt. Dabei wird der Teil der Titrationskurve vor Erreichen des Äquivalenzpunktes als Reaktionsgerade, der nach Überschreiten des Äquivalenzpunktes als Überschußgerade bezeichnet. Sehr oft ergibt sich kein scharfer Knickpunkt. Zur genauen Bestimmung des Äquivalenzpunktes verlängert man die geradlinigen Teile der beiden Kurvenäste. Vom sich ergebenden Schnittpunkt wird durch Fällen des Lots auf die Abszisse des Titrationsdiagramms der Verbrauch an Maßlösung gefunden.

Da es sich bei der konduktometrischen Titration um die Aufzeichnung von Leitfähigkeitsänderungen handelt, kann man auf die Ermittlung der spezifischen Leitfähigkeit auch verzichten und nur Leitwerte bzw. gar nur Ausschläge des verwendeten Meßgerätes zur Ermittlung des Titrationsdiagramms verwenden. Im folgenden sollen aber aus Gründen der Einheitlichkeit nur Kurven $\varkappa$ über cm^3 Maßlösung diskutiert werden.

Die Form der Kurvenzüge, die sich bei einer konduktometrischen Titration ergeben, hängt von verschiedenen Faktoren ab, die von den an der Titration beteiligten Stoffen bestimmt werden. Nach der Art des Reaktionsablaufes unterscheidet man einige größere Gruppen von konduktometrischen Titrationen, die zunächst einmal schematisch erläutert werden sollen. Dabei sollen jeweils charakteristische Fälle ausgewählt werden, da es den Rahmen dieser Ausführungen sprengen würde, sollten alle bei Leitfähigkeitstitrationen vorkommenden Kurvenformen besprochen werden. An erster Stelle soll dabei als wichtigste Gruppe die der Neutralisationstitrationen behandelt werden.

3.1.1. Neutralisationstitrationen

Neutralisationsreaktionen zwischen starken Basen und Säuren lassen sich besonders gut konduktometrisch verfolgen. Zwar ist es kein Problem, diese Titrationen mit Hilfe von Farbindikatoren in der klassischen Form durchzuführen, jedoch bleibt dies auf die Titration farbloser bzw. schwach gefärbter Lösungen beschränkt. Die konduktometrische Titration dagegen wird auch durch starke Färbungen nicht gestört.

a) Bei der Titration einer starken Base (NaOH) mit einer starken Säure (HCl) werden, wie Gl. (10) zeigt, die sehr gut beweglichen OH^--Ionen durch Chloridionen ersetzt, die eine weitaus geringere Beweglichkeit aufweisen.

$$NaOH + HCl \rightarrow NaCl + H_2O \qquad (10)$$

Die eigentliche Neutralisation läuft nach

$$H^+ + OH^- \rightarrow H_2O \qquad (11)$$

durch Bildung von praktisch undissoziiertem Wasser ab. Die anfänglich hohe Leitfähigkeit sinkt daher mit fortschreitender Neutralisation. Nachdem alle OH^--Ionen der vorgelegten Base verbraucht sind, bewirkt die weiter zugegebene Säure durch die hohe Beweglichkeit der H^+-Ionen einen ihrer Menge proportionalen Leit-

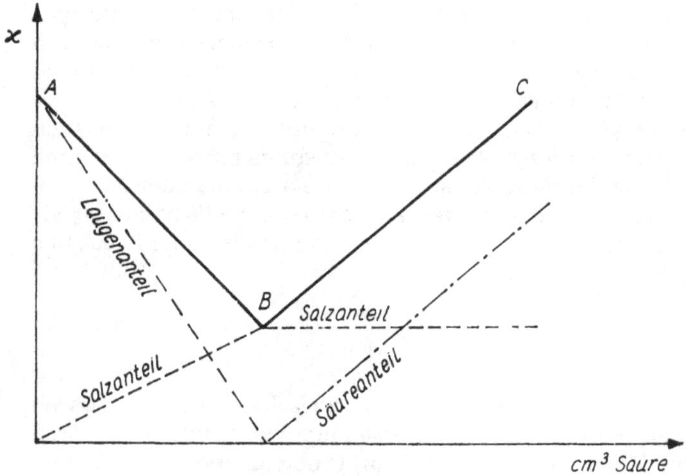

Abb 58 Titrationsdiagramm einer starken Base mit einer starken Säure mit Darstellung der Leitfähigkeitsanteile der einzelnen Reaktionspartner

fähigkeitsanstieg. Im Äquivalenzpunkt findet man daher ein Leitfähigkeitsminimum, da hier praktisch nur Na^+- und Cl^--Ionen vorhanden sind.

Die Titrationskurve, wie sie bei der Titration einer starken Base mit einer starken Säure erhalten wird, ist die stark ausgezogene Kurve in Abb. 58. In der gleichen Abbildung sind außerdem die Leitfähigkeitsanteile der einzelnen Reaktionspartner dargestellt. Die resultierende Leitfähigkeit (stark ausgezogene Kurve) ergibt sich als Addition der jeweils vorhandenen Teilleitfähigkeiten. Der Punkt *A* entspricht der Leitfähigkeit der reinen Base.

Der abfallende Kurvenast $A-B$ setzt sich aus der Leitfähigkeit der noch vorhandenen Base und des bei der Neutralisation entstandenen NaCl zusammen, während sich der steigende Kurvenast $B-C$ aus der konstanten Leitfähigkeit des gebildeten NaCl und der Leitfähigkeit der überschüssigen Säure ergibt. Im Punkt B, dem Schnittpunkt der beiden Kurvenäste, wird nur die Leitfähigkeit des entstandenen NaCl gemessen.

Es ist klar, daß die Titration einer starken Säure mit einer starken Base ein völlig analoges Titrationsdiagramm

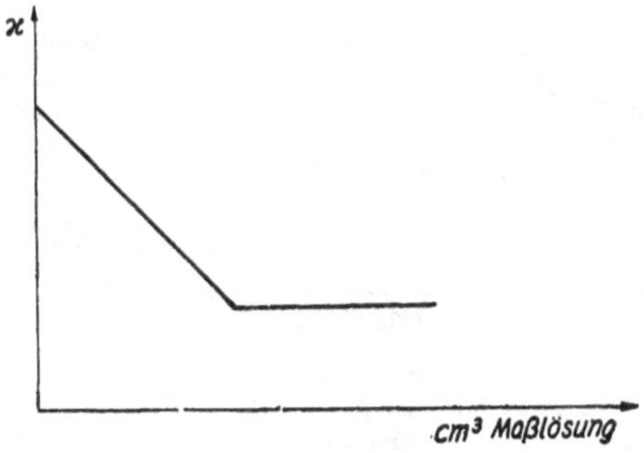

Abb 59. Titrationsdiagramm einer starken Base mit einer schwachen Säure (schematische Darstellung)

ergibt. Dagegen erhält man andere Kurvenformen, wenn man eine starke Base mit einer schwachen Säure oder umgekehrt eine schwache Säure mit einer starken Base titriert.

b) Titriert man eine starke Base (NaOH) mit einer schwachen Säure (Essigsäure), so nimmt, wie Abb. 59 zeigt, die Leitfähigkeit zunächst ab, da die OH^--Ionen durch weniger bewegliche Azetationen ersetzt werden. Sind alle Hydroxylionen verbraucht, so wird kaum noch eine Leitwertänderung beobachtet, da die ohnehin geringe Dissoziation der Essigsäure durch die vorhandenen Azetationen praktisch vollständig zurückgedrängt wird. Der Äquivalenzpunkt wird hier bereits weniger gut erkannt.

c) Die Titration einer schwachen Säure mit einer starken Base ist in Abb. 60 ganz allgemein dargestellt. Zunächst wird die Leitfähigkeit sinken, da die Dissoziation der schwachen Säure durch das gebildete Salz zurückgedrängt wird. Der weitere Verlauf der Titrations-

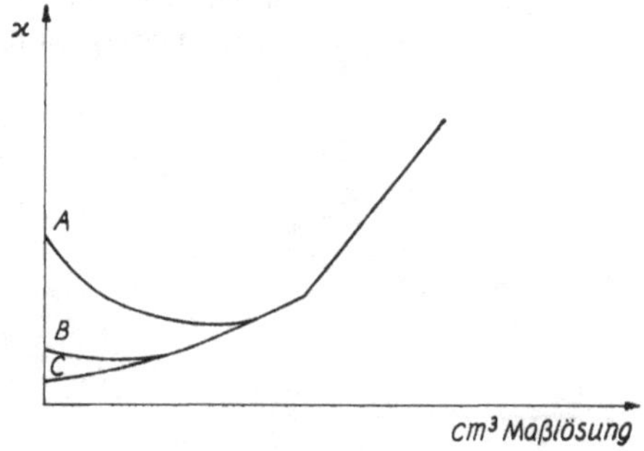

Abb. 60. Titrationsdiagramm einer schwachen Säure mit einer starken Base bzw. einer schwachen Base mit einer starken Säure in Abhängigkeit von der Anfangskonzentration (schematische Darstellung)
A – 0,01 n; B – 0,001 n; C – 0,0001 n

kurve wird durch die fortschreitende Erhöhung der Konzentration und durch die einsetzende Hydrolyse [Gl. (12)] des sich bildenden Salzes (MR) der schwachen Säure (HR) bestimmt.

$$MR + H_2O \rightleftharpoons M^+ + OH^- + HR$$

Je nach Konzentration und dem Dissoziationsgrad der vorgelegten Säure und dem Hydrolysengleichgewicht erhält man eine mehr oder weniger ansteigende Titrationskurve nach Durchlaufen eines Minimums. In Abb. 60 zeigen die Kurven A bis C die Verhältnisse bei sich verringernder Säureanfangskonzentration. Im Äquivalenzpunkt ändert sich die Steigung der Reaktionskurve, weil jetzt die zunehmende Konzentration der starken Base die Leitfähigkeit schnell erhöht. Der bei starken Säuren beobachtete scharfe Knick am Äquivalenzpunkt wird hier etwas weniger gut ausgeprägt gefunden, da sich in der Nähe des Äquivalenzpunktes verstärkt die Hydrolyse des Salzes der schwachen Säure bemerkbar macht. Man erhält einen allmählichen Übergang der Reaktionsgeraden in die Überschußgerade, was bei der Auswertung (s. Abschn. 3.2.3.) berücksichtigt werden muß.

Ist die Säure sehr schwach, so wird man infolge geringer Eigendissoziation der Säure einen sehr kleinen

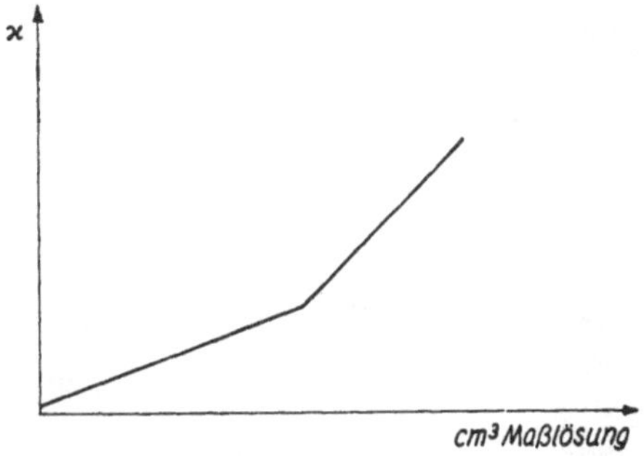

Abb. 61. Titrationsdiagramm einer sehr schwachen Säure mit einer starken Base bzw. einer sehr schwachen Base mit einer starken Säure (schematische Darstellung)

Anfangsleitwert messen. Die Reaktionskurve wird dann durch Salzbildung und durch ausgeprägte Hydrolyse ansteigen. Der Äquivalenzpunkt kann zwar meist ermittelt werden, da die Überschußgerade eine andere Steilheit hat (Abb. 61), die Auswertung wird aber durch Hydrolyse am Äquivalenzpunkt (gekrümmtes Übergangsgebiet) schwierig.

d) Ähnlich wie bei der Titration schwacher Säuren sind die Verhältnisse bei der Titration schwacher Basen mit starken Säuren. So wird bei der Titration von Ammoniak mit Salzsäure zunächst Abnahme der Leitfähigkeit durch Zurückdrängung der Dissoziation des Ammoniaks zu bemerken sein, während der weitere Kurvenverlauf in Abhängigkeit von der Anfangskonzentration (s. dazu Abb. 60) durch die Erhöhung der Ammoniumchlorid-Konzentration und von der einsetzenden Hydrolyse bestimmt wird. Analog Abb. 61 verläuft die Titration einer sehr schwachen Base mit starker Säure sofort mit steigender Leitfähigkeit, da ein Zurückdrängen der Dissoziation durch Salzbildung infolge sehr geringer Eigendissoziation der Base nicht bemerkbar wird.

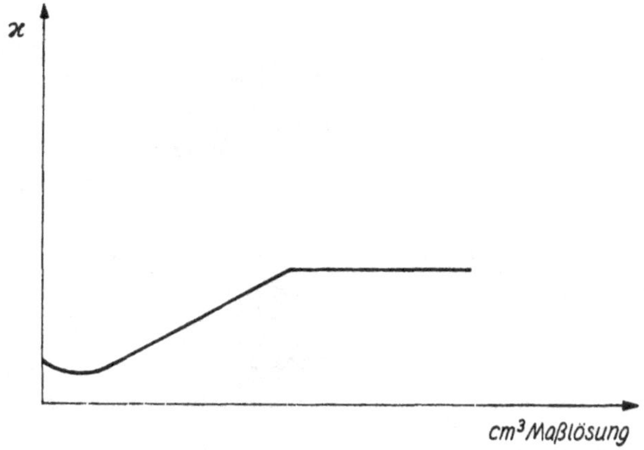

Abb. 62. Titrationsdiagramm einer schwachen Säure mit einer schwachen Base (schematische Darstellung)

e) Der Verlauf der Titration einer schwachen Säure mit einer schwachen Base wird im Reaktionsteil etwa auch durch das Titrationsdiagramm in Abb. 60 gekennzeichnet. Nach Überschreiten des Äquivalenzpunktes brhält man aber hier kaum mehr eine Leitwertänderung eei weiterer Zugabe schwacher Base, da die Dissoziation der Base durch das vorhandene Salz zurückgedrängt wird. Der fast waagerechte Verlauf der Überschuß-geraden gibt den Äquivalenzpunkt durch einen gut ausgeprägten Knick zu erkennen, so daß schwache Säuren vorteilhaft mit schwachen Basen titriert werden können. In Abb. 62 ist die Leitwertkurve der Titration einer schwachen Säure (z. B. Essigsäure) mit einer schwachen Base (z. B. Ammoniak) schematisch dargestellt.

3.1.2. Verdrängungstitrationen

Während die direkte Titration schwacher Basen oder Säuren, wie die Abb. 60 und 61 zeigen, keinen allzu deutlichen Schnittpunkt von Reaktionsgerade und Überschußgerade zeigen kann, gelingt es sehr gut, das Salz

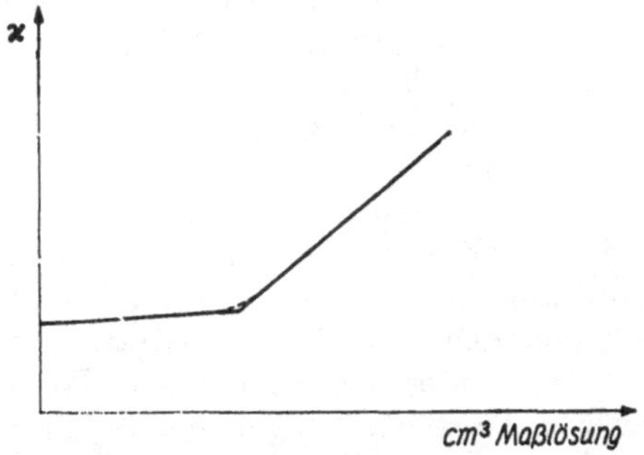

Abb. 63. Verdrängungstitration des Salzes einer schwachen Säure mit einer starken Säure (schematische Darstellung)

einer schwachen Säure mit einer starken Säure bzw. das Salz einer schwachen Base mit einer starken Base zu titrieren.

Handelt es sich z. B. um die Titration von Natriumazetat mit Salzsäure, so kommt es zwischen den in der Lösung anfangs vorhandenen Natrium- und Azetat-Ionen und den Wasserstoff- und Chlorid-Ionen der Maßlösung zu einer Umsetzung in dem Sinne, daß die Wasserstoff-Ionen mit den Azetat-Ionen unter Bildung von undissoziierter Essigsäure zusammentreten. Die Leitfähigkeit ändert sich dabei nur wenig, da Azetat-Ion und Chlorid-Ion kaum unterschiedlich beweglich sind. Nachdem im Äquivalenzpunkt das gesamte Azetat zu Essigsäure reagiert ist, d. h. es liegt ein äquivalentes Verhältnis von Natriumazetat und Salzsäure vor, macht sich ein recht deutlicher Leitfähigkeitsanstieg infolge der wachsenden Salzsäurekonzentration bemerkbar (Abb. 63).

Es muß beachtet werden, daß sich bei Annäherung an den Äquivalenzpunkt die Leitfähigkeit der Essigsäure durch allmählichen Anstieg der Reaktionsgeraden bemerkbar machen kann und ein gekrümmtes Übergangsstück entsteht. Grund dafür ist, daß zur Zurückdrängung der Dissoziation der Essigsäure nicht mehr genügend Azetat-Ionen bzw. noch nicht genügend Wasserstoff-Ionen vorhanden sind. Durch die meist bedeutenden Steigungsunterschiede von Reaktions- und Überschußgeraden wird die Auswertung dennoch einfach.

Die Titration der Salze schwacher Basen mit starken Basen verläuft völlig analog. Da in all diesen Fällen eine schwache Base oder eine schwache Säure aus ihren Salzen verdrängt wird, hat man für Titrationen dieser Art den Namen Verdrängungstitration geprägt. Voraussetzung für das Gelingen einer Verdrängungstitration ist, daß die Dissoziationskonstanten der Säuren oder Basen, deren Salze titriert werden sollen, im genügenden Maße unterschiedlich von denen der Maßlösung sind.

Bei der Verdrängungstitration ist die Zeiteinsparung durch Anwendung der konduktometrischen Methode gegenüber der klassischen Methode, nach der eine direkte Bestimmung nicht möglich ist, bei zumindest gleicher Genauigkeit ganz beträchtlich.

3.1.3. Fällungstitrationen

Etliche Bestimmungsmethoden der klassischen Maßanalyse laufen auf ein Ausfällen der zu bestimmenden Ionen mit einem geeigneten Fällungsmittel hinaus.

Dabei wird der Endpunkt der Titration, d. h. die vollständige Fällung durch einen Indikator angezeigt. Es gibt jedoch zahlreiche analytisch verwertbare Fällungsreaktionen, für deren Endpunktbestimmung eine geeignete Indikatorsubstanz fehlt. Hier haben die elektrochemischen Titrationsmethoden und dabei besonders die konduktometrische Titration ein wichtiges Anwendungsgebiet gefunden.

Voraussetzung für das Gelingen einer Fällungstitration mit konduktometrischer Endpunktbestimmung ist, daß das zu bestimmende Ion schnell und quantitativ ausgefällt wird und daß der sich bildende Niederschlag genügend wenig löslich ist. Der Bodenkörper trägt nicht mehr zur Leitfähigkeit des Systems bei und es kann zu größeren Leitfähigkeitsänderungen kommen. Wir haben dann mit der Neutralisationstitration vergleichbare Bedingungen. Während dort praktisch undissoziiertes Wasser entsteht, bilden sich hier nahezu undissoziierte Niederschläge. Eine Fällungsreaktion eignet sich um so besser zur konduktometrischen Titration, je schwerer das Fällungsprodukt löslich ist. Weiterhin muß sich die Steigung von Reaktionsgeraden und Überschußgeraden genügend unterscheiden, um für die Auswertung einen eindeutigen Schnittpunkt zu erhalten. Daß die Form der Titrationskurve von der Wahl des Titrationsmittels bestimmt werden kann, soll ein von JANDER und PFUNDT [63] angeführte Beispiel zeigen.

Der Verlauf der Reaktionsgeraden hängt wesentlich vom Verhältnis der Beweglichkeit des nicht an der Fällung beteiligten Ions zur Beweglichkeit des ausgefällten Ions ab. Die günstigste Kurvenform erhält man, wenn man zur Bestimmung eines Anions ein Reagenz verwendet, dessen Anion eine geringere Beweglichkeit als das zu bestimmende Anion aufweist. Für die Bestimmung von Kationen gilt sinngemäß das gleiche. Die Bestimmung von Silber-Ionen kann im Prinzip mit verschiedenen Alkalichloridlösungen vorgenommen werden. Abbildung 64 veranschaulicht den bei der Titration von Silbernitratlösung mit Kaliumchlorid, Natriumchlorid und Lithiumchlorid zu erwartenden Leitfähigkeitsverlauf. Den ungünstigsten Kurvenverlauf erhält man mit Kaliumchlorid, da bei der Titration an die Stelle des Silber-Ions (Beweglichkeit bei 25 °C: $l_+ = 62{,}2\ cm^2 \cdot \Omega^{-1}$) das besser bewegliche Kalium-Ion ($l_+ = 73{,}5\ cm^2 \cdot \Omega^{-1}$) tritt. Die Reaktionsgerade hat von vornherein steigende Tendenz. Nach Überschreiten des Äquivalenzpunktes

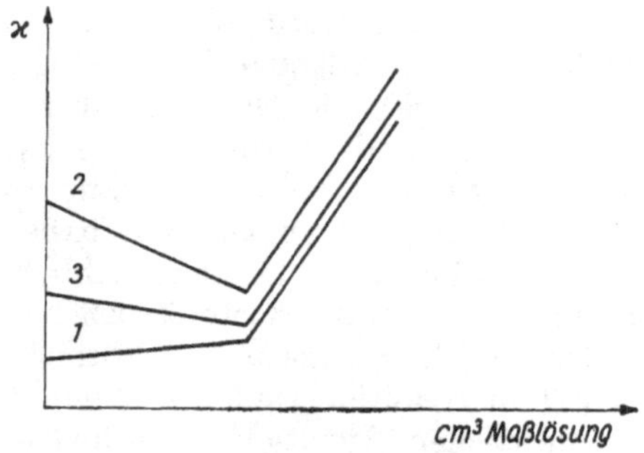

Abb. 64. Titration von Silbernitratlösung mit verschiedenen Chloriden (schematische Darstellung)
1 – Kaliumchlorid; *2* – Lithiumchlorid; *3* – Natriumchlorid

weist die Überschußgerade zwar eine größere Steigung auf, der stumpfe Schnittwinkel mit der Fällungsgeraden erschwert jedoch die Auswertung. Die Beweglichkeiten der Natrium-Ionen ($l_+ = 50{,}6$) und der Lithium-Ionen ($l_+ = 38{,}7$) sind geringer als die der Silber-Ionen. Man erhält eine fallende Reaktionsgerade und damit einen spitzen Winkel zur Überschußgeraden. Die relativ kleine Beweglichkeit des Lithium-Ions ergibt durch eine stark fallende Reaktionsgerade das günstigste Titrationsdiagramm.

Es leuchtet ein, daß eine Verwendung von Salzsäure zur konduktometrischen Titration der Silber-Ionen nicht in Frage kommen kann. Die extrem hohe Beweglichkeit der Wasserstoff-Ionen ($l_+ = 349{,}6$) würde einen kaum erkennbaren stumpfen Schnittwinkel zwischen Reaktions- und Überschußgeraden ergeben.

Auch bei der Bestimmung von Anionen zeigen sich entsprechende Verhältnisse. So wird die Titration von Bromid-Ionen ($l_- = 78{,}4$) günstiger mit Silberazetat- als mit Silbernitratlösung vorgenommen, da das Nitration ($l_- = 71{,}4$) eine nur gering fallende, das Azetation ($l_- = 40{,}9$) aber eine stark fallende Reaktionsgerade ergibt. Gleiches trifft auch auf die Bestimmung von Sulfat-Ionen zu, die günstiger mit Bariumazetat als mit Bariumchlorid erfolgt.

Bei der konduktometrischen Fällungstitration hat der experimentell ermittelte Kurvenzug nur dann praktisch kein gekrümmtes Übergangsstück, wenn der Niederschlag extrem schwer löslich ist. Je leichter der Niederschlag aber löslich ist, desto mehr zeigt die Titrationskurve eine Krümmung am Äquivalenzpunkt und die Auswertung macht Schwierigkeiten. Eine konduktometrische Fällungstitration ist nach Kolthoff [66] nur mit ausreichender Genauigkeit möglich, wenn bei einer Konzentration der Probelösung von 0,1 *n* der Niederschlag möglichst eine kleinere Löslichkeit als $5 \cdot 10^{-3}$ mol/l besitzt. Geht man von einer 0,01 *n*-Lösung aus, so beträgt die maximale Löslichkeit $5 \cdot 10^{-4}$ mol/l. Beispielsweise kann das Kalium-Ion höchstens in relativ konzentrierter Lösung mit Natriumperchloratlösung konduktometrisch titriert werden, weil das gebildete Kaliumperchlorat noch zu gut löslich ist [73].

Alles bisher über Fällungsreaktionen Gesagte gilt sinngemäß auch für Reaktionen, bei denen ein stabiler Komplex gebildet wird oder eine zwar lösliche, jedoch sehr wenig dissoziierte Verbindung entsteht. Entscheidend für die Eignung einer solchen Reaktion zur konduktometrischen Titration ist, wie weit die entstehende Verbindung unter Versuchsbedingungen in Ionen zerfallen ist und ob ihre Zusammensetzung einheitlich ist.

Fällungstitrationen lassen sich noch in außerordentlicher Verdünnung durchführen. Die untere Grenze ist erreicht, sobald die Konzentration des zu bestimmenden Stoffes größenordnungsmäßig der Löslichkeit des Niederschlages nahe kommt. Da beim Titrieren in größerer Verdünnung auch einige Fehlerquellen, wie die Fälschung der Titrationsergebnisse infolge Adsorption von Ionen durch die Niederschläge oder die Bildung nicht eindeutig definierter Niederschläge usw., an Bedeutung verlieren, erweist sich die konduktometrische Fällungstitration gerade bei der Bestimmung sehr kleiner Mengen als sehr brauchbar. So sind Mikromethoden entwickelt worden [74], die es gestatten, äußerst kleine Mengen von Metallsalzen (bis zu 1 μg des Metalls) durch Fällung mit H_2S-Wasser zu bestimmen. Die Titration eines Metallions mit H_2S läuft auf Grund der Reaktion

$$Me^{++} + H_2S \rightarrow MeS + 2H^+ \qquad (13)$$

unter Ersatz des Metallions durch Wasserstoff-Ionen ab. Die Leitfähigkeit steigt daher rasch an, um sich nach Erreichen des Äquivalenzpunktes praktisch nicht mehr zu ändern; denn H_2S ist ein sehr schwacher Elektrolyt.

3.1.4. Redoxtitrationen

Auch eine ganze Anzahl der in der Maßanalyse sehr verbreiteten Redoxtitrationen kann konduktometrisch durchgeführt werden. In der Praxis hat diese Methode aber noch wenig Verbreitung gefunden, da es genügend klassische Redoxtitrationsverfahren gibt bzw. die Potentiometrie hier mit Vorteil Anwendung findet.

Redoxtitrationen werden immer dann konduktometrisch durchgeführt, wenn bei der Reaktion Ionen mit unterschiedlicher Beweglichkeit ausgetauscht werden oder nur schwach dissoziierte Verbindungen entstehen. So verläuft die Titration des zweiwertigen Eisens in saurer Lösung mit Kaliumbichromat nach Gl. (14):

$$6Fe^{2+} + Cr_2O_7^{2-} + 14H^+ \rightarrow 6Fe^{3+} + 2Cr^{3+} + 7H_2O \qquad (14)$$

Während der Titration kommt es zu einer starken Leitfähigkeitsabnahme durch Verringerung der Wasserstoff-Ionen-Konzentration und zur Bildung von undissoziiertem Wasser. Der Übergang des Eisens in eine höhere Wertigkeitsstufe hat dabei kaum Einfluß. Der Äquivalenzpunkt ist durch einen scharfen Schnittpunkt zwischen Reaktions- und Überschußgeraden gekennzeichnet, da eine weitere Zugabe von Kaliumbichromat die Leitfähigkeit kaum noch verändert.

KonduktometrischeRedoxtitrationenlassen sich gerade in sehr verdünnten Lösungen mit Erfolg durchführen (Mikromethoden). Ein Beispiel dafür ist die Titration sehr kleiner Arsenmengen in neutraler oder sehr schwach saurer Lösung mit Jodlösung [75]. Die Reaktionsgleichung

$$AsO_3^{3-} + J_2 + H_2O \rightarrow AsO_4^{3-} + 2H^+ + 2J^- \qquad (15)$$

zeigt, daß die schwach dissoziierte arsenige Säure durch die stärker dissoziierte Arsensäure ersetzt und gleichzeitig freie Jodwasserstoffsäure gebildet wird. Bis zum Äquivalenzpunkt kommt es daher zu einem starken Anwachsen der Leitfähigkeit. Nach Beendigung der Oxidation nimmt bei Reagenzüberschuß die Leitfähigkeit nicht mehr zu. Lediglich in den verdünntesten Lösungen bewirkt die überschüssige Jodlösung ein geringes Ansteigen der Überschußgeraden. Trotzdem wird der Äquivalenzpunkt durch den Schnittpunkt zweier Geraden gut erkannt.

3.1.5. Simultantitrationen

Die konduktometrische Titration bietet wie keine andere Titrationsmethode so sehr den Vorteil, in einem Titrationsgang zwei oder mehrere Stoffe gleichzeitig zu bestimmen. Derartige Doppelbestimmungen bezeichnet man als Simultantitrationen.

Sind in einer Lösung eine schwache Säure (Essigsäure) *und* eine starke Säure (Salzsäure) enthalten, so wird bei der Titration mit einer starken Base (Natronlauge) zuerst die starke Säure neutralisiert. Das Titrationsdiagramm (Abb. 65) zeigt ein stark fallendes Kurvenstück *A—B*. Längs des Kurvenstückes *B—C* verläuft die Neutralisation der schwachen Säure und Kurvenstück *C—D* gibt die Leitfähigkeitszunahme der Lösung durch die überschüssige Lauge wieder. Der Verbrauch an Lauge

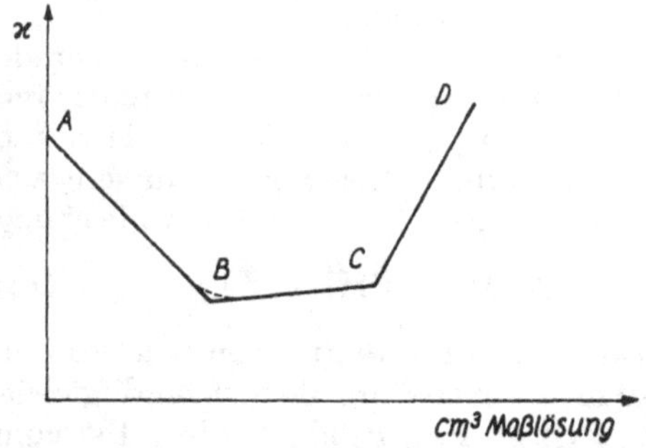

Abb. 65. Simultanbestimmung von Salzsäure und Essigsäure (schematische Darstellung)

bis zum ersten Knickpunkt ist der Salzsäuremenge äquivalent, während der Laugenverbrauch bis zum zweiten Knickpunkt der Essigsäurekonzentration entspricht.

Der erste Knickpunkt gibt um so genauer den Äquivalenzpunkt der stärkeren Säure wieder, je größer der Unterschied der Dissoziationskonstanten der beiden Säuren ist. Anderenfalls kommt es zur Ausbildung eines mehr oder weniger stark gekrümmten Übergangsstückes zwischen *A—B* und *C—D* (in Abb. 65 gestrichelt dargestellt) und die Bestimmung des Äquivalenzpunktes ist schwierig. Nach Kolthoff [66] kann eine starke 0,1-n-Mineralsäure neben einer gleichkonzentrierten schwächeren Säure konduktometrisch bestimmt werden, wenn deren Dissoziationskonstante kleiner als $4 \cdot 10^{-4}$ ist.

Selbstverständlich kann auf diese Weise nicht nur das Gemisch zweier verschieden starker Säuren, sondern auch eine Substanz, die zwei saure funktionelle Gruppen enthält, analysiert werden. Allerdings erhält man z. B. bei der Titration mehrbasiger Säuren auch nur dann mehrere Knickpunkte, wenn die Dissoziationskonstanten der Stufen hinreichend verschieden sind.

Simultanbestimmungen sind auch bei der Bestimmung zweier verschieden starker Basen möglich. Fällungsreaktionen, wie die Bestimmung mehrerer Halogenide nebeneinander, lassen sich ebenso zur Simultanbestimmung benutzen, wie z. B. die Kombination von Neutralisations- und Fällungsreaktionen bei der Bestimmung von Fluorwasserstoffsäure und Silikonfluorwasserstoffsäure mit Bariumhydroxid [76].

3.1.6. Titrationen in nichtwäßrigen Lösungsmitteln

Auch in nichtwäßrigen, jedoch wasserähnlichen Lösungsmitteln können Reaktionen mit Leitfähigkeitsmessungen verfolgt werden. So können z. B. in flüssiger Blausäure, Schwefeldioxid, Ammoniak und wasserfreiem Fluorwasserstoff sogenannte neutralisationsanaloge Reaktionen als konduktometrische Titrationen durchgeführt werden [77].

Die Reaktionen verlaufen vielfach anders, als in Gegenwart von Wasser, sind aber den Vorgängen in wäßriger Lösung analog. Gibt man z. B. zu einer Lösung von Kaliumcyanid in flüssigem HCN Schwefelsäure, so nimmt die Leitfähigkeit unter Ausfällung von neutralem Kaliumsulfat zunächst ab. Ist alles KCN umgesetzt, so löst die überschüssige Schwefelsäure das Kaliumsulfat unter Bildung von $KHSO_4$ wieder auf. Da dieser Vorgang mit Leitfähigkeitserhöhung verbunden ist, entsteht am Äquivalenzpunkt ein scharfer Knick im Titrationsdiagramm. Ist alles K_2SO_4 umgesetzt, so wird ein zweiter Knickpunkt festgestellt, da die überschüssige Schwefelsäure in HCN nur schwach dissoziiert ist und die Leitfähigkeit deshalb nur unerheblich erhöht wird.

3.2. *Hinweise für die praktische Durchführung von konduktometrischen Titrationen*

3.2.1. *Probenvorbereitung*

Die im vorstehenden Abschnitt beschriebenen Grundtypen der konduktometrischen Titration müssen bei Anwendung in der Praxis fast immer den jeweiligen analytischen Aufgaben angepaßt werden. So wird es sich nur selten um die Titration reiner Lösungen handeln, sondern es werden außer der zu bestimmenden Ionenart oft mehr oder weniger große Mengen anderer Elektrolyten in der zu analysierenden Lösung vorhanden sein. Es ist zwar prinzipiell möglich, eine Ionenart konduktometrisch zu bestimmen, auch wenn größere Mengen nicht an der Reaktion beteiligter Salze zugegen sind. Es ist dann jedoch eine hohe Grundleitfähigkeit vorhanden und die kleine bei der Titration auftretende Leitwertänderung hebt sich nur gering davon ab, da sich ja die Leitfähigkeitsanteile der Komponenten addieren.

Mit einer entsprechend hohen Ansprechempfindlichkeit $\Delta\varkappa/\varkappa$ der Meßanordnung (s. dazu Abschn. 3.3.) läßt sich neben einer außerordentlich großen Menge Fremdelektrolyt (bis zu 1:500) noch eine hohe Titriergenauigkeit erreichen. In manchen Fällen ist es allerdings günstiger, durch Probenvorbereitung die störende hohe Grundleitfähigkeit des Systems auszuschalten. Das kann z. B. durch Anwendung geeigneter Extraktionsmittel geschehen. So führt OEHME [78] einige Möglichkeiten dazu an, wie die Extraktion von geringen Milchsäuremengen mit Äthylazetat, die extraktive Abtrennung von Zinkchlorid von Zinksulfat und anderen Salzen durch Furfurol usw.

Eine weitere Möglichkeit besteht in der Entfernung störender Säuren oder Basen durch Ionenaustauscher. OEHME [79] nennt als praktisches Beispiel die Bestimmung von Schwefelwasserstoff und Merkaptanen, die in 30%iger

Natronlauge absorbiert worden sind. Die störende hohe Leitfähigkeit der Lauge wird durch einen Kationenaustauscher, mit dem die Lauge unter Wasserbildung reagiert, ausgeschaltet. Im Auslauf des Austauschers erscheinen die ursprünglichen Sulfide und Merkaptide als Schwefelwasserstoff und Merkaptan in wäßriger Lösung und können auch in sehr kleinen Mengen ohne Schwierigkeiten konduktometrisch titriert werden.

3.2.2. Fehlerquellen

Für die konduktometrische Bestimmung der meisten Kationen und Anionen gibt es ausführliche Vorschriften. Jander und Pfundt [63, 64] geben entsprechende Übersichten, die von Oehme [80] ergänzt werden. Weitere tabellarische Übersichten über konduktometrische Titrationen sind von Abrahamczik [67] und von Cruse [70], der besonders die Methoden der Hochfrequenz-Titration berücksichtigt. Soll eine konduktometrische Titration durchgeführt werden, so informiere man sich zweckmäßigerweise in der Originalliteratur. Im folgenden sollen lediglich einige allgemeine Hinweise für die fehlerfreie Durchführung konduktometrischer Titrationen gegeben werden.

Bei der Leitfähigkeitstitration sollte die Konzentration der Maßlösung immer groß gegen die Konzentration der zu titrierenden Flüssigkeit gewählt werden, damit das Volumen der titrierten Elektrolytlösung praktisch konstant bleibt. Dadurch wird eine Leitwertänderung durch Verdünnen der Lösung möglichst klein gehalten. Zwar überlagert sich die durch Volumenvermehrung bewirkte Leitfähigkeitsänderung linear dem Titrationsdiagramm und der Äquivalenzpunkt wird nicht verschoben. Ein störender Effekt durch Verformung der Titrationskurve ist aber bei der Titration konzentrierterer Lösungen zu verzeichnen, so daß dort die Forderung auf annähernde Volumenkonstanz unbedingt zu beachten ist.

Voraussetzung für die Verwendung hochkonzentrierter Maßlösungen ist die Verwendung entsprechend fein geteilter Büretten, da die Genauigkeit der Titration unter dem geringen Reagenzverbrauch nicht leiden darf. Büretten mit 5—10 cm^3 Fassungsvermögen, welche in 0,02 cm^3 unterteilt sind, haben sich in der Praxis bewährt. Ist das Auslaufrohr der Bürette genügend fein ausgezogen, so kann bei einiger Übung die Reagenzmenge auf 0,01 cm^3 genau abgelassen werden. Durch die Entwicklung von Mikrokolbenbüretten, die sogar Bruchteile von 1/1000 cm^3 abzumessen gestatten, ist die Titration mit hochkonzentrierter Maßlösung keine Schwierigkeit mehr.

Außer durch Volumenvergrößerung kann die Titrationskurve auch durch Temperaturänderung verfälscht werden. Diese können durch die Reaktionswärme, die bei chemischen Umsetzungen in stärker konzentrierten Lösungen nicht vernachlässigt werden darf, hervorgerufen werden. Für Temperaturkonstanz während der Titration muß in dem Fall durch Verwendung temperierbarer Meßzellen[1]) gesorgt werden.

Temperaturänderungen können weiterhin durch Einflüsse von außen (Raumtemperatur) hervorgerufen werden. Die meisten Titrationen lassen sich jedoch in so kurzer Zeit durchführen, daß die Anwendung von Thermostaten nur auf wenige Fälle beschränkt bleibt. Voraussetzung: alle Lösungen — auch das destillierte Wasser — müssen vor Beginn der Titration Raumtemperatur angenommen haben.

Fehlerhafte Titrationsergebnisse können ebenfalls durch den Einfluß von Kohlendioxid bzw. Karbonaten bei der Titration von Säuren und Basen entstehen. In Abb. 66 ist der Verlauf der Leitfähigkeit bei der Titration einer karbonhaltigen starken Lauge mit einer starken Säure schematisch dargestellt. Bei der Titration wird zuerst die starke Base erfaßt und die Leitfähigkeit sinkt

---

[1]) Siehe dazu auch J. SCHUPPAN: „*Theorie und Meßmethoden der Konduktometrie*“, Abschnitt 2.1.6.

längs des Kurventeils $A-B$. Im Punkt B sind sämtliche Hydroxyl-Ionen neutralisiert und die weiter zugegebene Säure führt das Karbonat in Hydrogenkarbonat über. Die Leitfähigkeit sinkt langsamer entsprechend Kurventeil $B-C$. Auf dem Kurventeil $C-D$ wird aus dem Hydrogenkarbonat das Kohlendioxid in Freiheit gesetzt

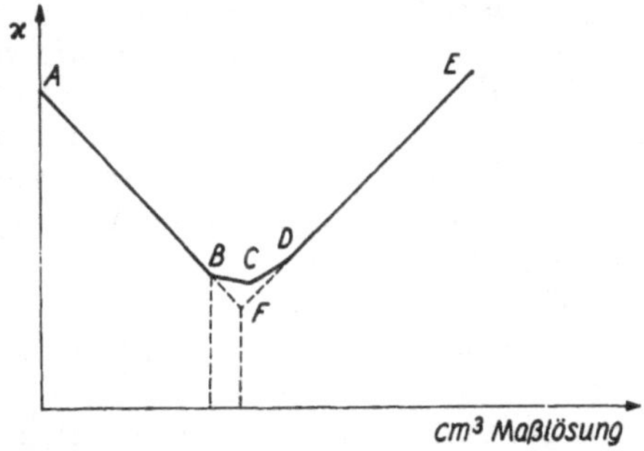

Abb. 66. Titration einer karbonhaltigen starken Base mit einer starken Säure (schematische Darstellung)

und Kurventeil $D-E$ gibt das steile Ansteigen der Leitfähigkeit durch die überschüssigen Wasserstoff-Ionen der Maßlösung an.

Wird in bekannter Weise der Äquivalenzpunkt der Titration durch Verlängern der Kurventeile $A-B$ und $D-E$ bestimmt, so ergibt sich ein Schnittpunkt F. Dieser Äquivalenzpunkt ist aber falsch, denn in Wirklichkeit ist ja bereits am Punkt B die Neutralisation der Lauge abgeschlossen. Je höher der Karbonatgehalt der zu titrierenden Base ist, desto fehlerhafter wird das Ergebnis.

Titriert man umgekehrt eine starke Säure mit einer karbonathaltigen starken Base, so ergibt sich ebenfalls ein zu hoher Verbrauch an Maßlösung, denn die im ersten Teil der Titration in Freiheit gesetzte Kohlensäure wird nach vollständiger Neutralisation der starken Säure wieder neutralisiert.

Voraussetzung für eine exakte Säurebestimmung ist daher die Verwendung einer karbonatfreien Lauge. Nach POETHKE [81] kann ein geringer Karbonatgehalt der Lauge bei der Titration starker Säuren in den meisten Fällen zwar vernachlässigt werden, bei der Titration einer schwachen Säure mit einer starken Base oder umgekehrt sind aber bereits die geringsten Kohlendioxidmengen zu beachten. Desgleichen muß durch besondere Vorsichtsmaßnahmen die Aufnahme von Kohlendioxid aus der Luft bei der Titration starker Basen verhindert werden, wenn man Titrationsfehler vermeiden will. Die Titration unter Luftabschluß bietet bei Verwendung von Magnetrührern oder Vibrationsrührern zur Durchmischung der Flüssigkeiten keine Schwierigkeiten.

Läßt sich bei einer Titrationsaufgabe in der Praxis der Einfluß von Karbonaten nicht ausschließen, so sind in der Nähe des Äquivalenzpunktes besonders viele Meßpunkte aufzunehmen und die Krümmungen der Kurve bei der Konstruktion des Äquivalenzpunktes zu berücksichtigen. Es kann durch Ermittlung des Punktes D (s. Abb. 66) auch der Karbonatgehalt neben dem Hydroxidgehalt bestimmt werden.

3.2.3. Auswertung

Die Auswertung einer Leitfähigkeitstitration wird, wie bereits erwähnt, im allgemeinen graphisch durchgeführt. Man wird während der Titration stets gleiche Mengen Maßlösung zugeben, unbekümmert um die Lage des Äquivalenzpunktes. Diese Schritte und die zugehörigen Leitwerte (Leitfähigkeiten, Ausschläge des Meßinstrumentes) wird man in einem Titrationsdiagramm eintragen. Der Äquivalenzpunkt ergibt sich aus dieser graphischen Darstellung der Ergebnisse durch Verlängerung der linearen Teile der Punktfolgen als Schnittpunkt von Reaktions- und Überschußgeraden. Das Lot von diesem Punkt auf die Abszisse gibt den Verbrauch an Maßlösung bis zum Äquivalenzpunkt an.

Es ist wichtig, daß nach Überschreiten des Endpunktes noch so weit titriert wird, bis die ermittelten Meßpunkte die Überschußgerade eindeutig festlegen. Die Geraden werden so gezeichnet, daß die einzelnen Meßpunkte gleichmäßig um sie streuen. Es werden dabei gleich unvermeidliche kleinere Meßfehler ausgeglichen und so der Titrationspunkt recht genau ermittelt. Es ist zweckmäßig, den Maßstab des Titrationsdiagramms der Ablesegenauigkeit der verwendeten Bürette und der Meßgenauigkeit des Leitfähigkeitsmeßgerätes anzupassen. Bei einer konduktometrischen Titration läßt sich bei einer graphischen Auswertung im Normalfall eine Genauigkeit von $\pm 0{,}2\%$ erreichen. Da ein spitzer Schnittwinkel im Diagramm eine genauere Feststellung des Reagenzverbrauches ermöglicht als ein stumpfer, muß im letzteren Fall ebenso wie bei Titrationskurven mit ausgeprägten Übergangsgebieten mit ungenaueren Ergebnissen gerechnet werden.

Die graphische Auswertung einer konduktometrischen Titration ist mit einem gewissen Zeitaufwand verbunden, der oft als nachteilig empfunden wird. Es sind daher verschiedene Versuche angestellt worden, mit anderen Methoden die Auswertung der Leitfähigkeitstitration einfacher zu machen. Einige Vorschläge sehen den Ersatz der bewährten graphischen Auswertung durch eine rechnerische Auswertung der Meßwerte vor.

Jander und Pfundt [82] führen die von Mika [83, 84] entwickelte exakte rechnerische Auswertmethode an, die keineswegs als zeitsparend zu bezeichnen ist. Sie kann zudem Fehler ergeben, wenn bei der Berechnung zufällig Punkte verwendet werden, die wegen Meßfehlern außerhalb der Geraden liegen würden. Eine andere rein rechnerische Methode, die bei Titrationen mit ausgesprochenen Übergangsgebieten sehr brauchbare Ergebnisse liefern soll, stammt von Grunwald [85]. Sie wird von Oehme [86] recht ausführlich behandelt. Es werden aus Wertetabellen die Steigungen zweier Hilfsgeraden berechnet, deren Schnittpunkt durch Gleichsetzen der

Geradengleichungen den Äquivalenzverbrauch liefert. Diese ebenfalls recht aufwendige Auswertung bringt ebenso wie die von PIEPER [87], BOULAD [88] und HENNIG [89] stammenden Methoden keine Zeitersparnis gegenüber der graphischen Auswertung und kommt daher nicht für Serienanalysen, sondern höchstens für wissenschaftliche Untersuchungen in Betracht.

Fällt bei einer konduktometrischen Titration der Äquivalenzpunkt mit einer starken Änderung des Leitfähigkeitsverlaufes z. B. einem gut ausgeprägten Leit-

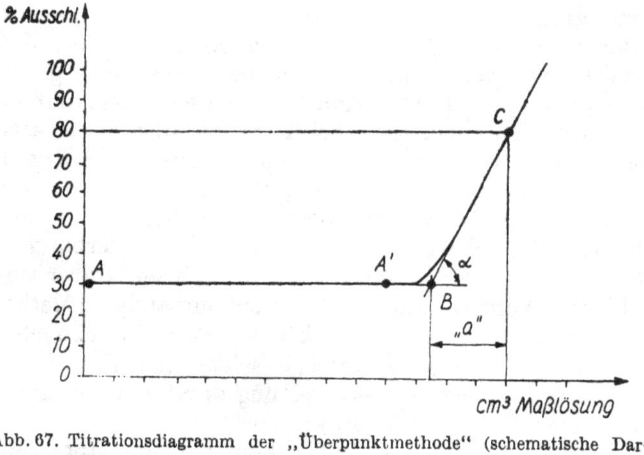

Abb. 67. Titrationsdiagramm der „Überpunktmethode" (schematische Darstellung)

A–*A'* – Reaktionsgerade; *B* – Äquivalenzpunkt; *C* – Überpunkt (Endpunkt der Titration); „*a*" – Volumenkorrektur zur Bestimmung von *B*

wertminimum zusammen, so kann man während der Titration den Ausschlag am Leitfähigkeitsmeßgerät direkt beobachten und unmittelbar bis Zeigerumkehr titrieren. Diese Methode bringt bei einiger Übung des Ausführenden vor allem bei Serienanalysen große Zeitvorteile. Es muß jedoch beachtet werden, daß sich nur ein Teil der konduktometrischen Titration dazu eignet, da beim Auftreten eines Übergangsgebietes am Äquivalenzpunkt der Titrationsendpunkt nicht mit dem Leitwertminimum zusammenfallen muß und die Methode fehlerhaft wird. (Siehe dazu auch [90].)

Recht gut für Serienanalysen in der Betriebskontrolle scheint jedoch die von SPILLNER und VOIGT [91] vorgeschlagene „Überpunktmethode" geeignet zu sein. Die Autoren erläutern diese Auswertmethode am Beispiel der Ermittlung des Sulfatanteils in technischem Ammonsulfatsalpeter. Es handelt sich um ausgesprochene Serienanalysen, deren Werte um einen bestimmten Sollwert streuen und deren Salzkonzentrationen in den Probelösungen nicht sehr voneinander abweichen. Die Bestimmung wird als konduktometrische Fällungstitration mit Bariumnitrat durchgeführt.

SPILLNER und VOIGT schlagen vor, durch Wahl der Konzentration von Titrationsmittel und zu titrierender Lösung die Reaktionsgerade praktisch horizontal verlaufen zu lassen. Bei der Titration von Ammonsulfat ist das der Fall, wenn die Analysenprobe zu einer 0,02-n-Lösung gelöst und als Titrationsmittel 0,05 n Bariumnitrat verwendet wird.

Bis zum Äquivalenzpunkt verläuft die Reaktionsgerade praktisch horizontal und ein Leitfähigkeitsanstieg macht sich erst nach dessen Überschreitung bemerkbar (Abb. 67). Hält man die Empfindlichkeit der Leitfähigkeitsmeßanordnung konstant, so ist der Anstieg der Überschußgeraden ebenfalls konstant, d. h. man beobachtet immer den gleichen Winkel α (s. Abb. 67). Bei der Titration wird ausgehend von einem mäßigen Ausschlag des Leitfähigkeitsmessers, dem Anfangspunkt A, stets bis zu einem um einen festgelegten Betrag höheren Ausschlag C titriert. Der Punkt C muß auf dem geradlinigen Teil der Überschußgeraden liegen. Er wird als „Überpunkt" bezeichnet und stellt gewissermaßen den Endpunkt der Titration dar. Um zu dem wirklichen Äquivalenzpunkt B zu kommen, muß nur der bei konstantem Winkel gleichfalls konstante Betrag „a" abgezogen werden. Der Betrag „a“ wird zweckmäßig zu Beginn durch graphische Auswertung der vollständigen Titrationskurve ermittelt und kann bei Serienanalysen durch gelegentliche Titration einer Stammlösung kontrolliert werden.

Da die Titration immer bis zu einem festgelegten Ausschlag des Anzeigeinstrumentes erfolgt, kann bis zur ersten Leitwertänderung sehr schnell titriert werden und nur die letzte Zugabe bis zur Erreichung des „Überpunkts“ wird langsam vorgenommen. Nach Angabe der Autoren benötigt eine Sulfatbestimmung nur ca. 3 Minuten. Zur Auswertung ist keine Zeichen- oder Rechenarbeit nötig.

Die Anwendung der „Überpunktmethode“ ist auch auf die konduktometrische Titration anderer Ionen möglich, wenn die Reaktionsgerade linear verläuft und keine allzu große Abweichung von der Horizontallage aufweist. Die Überschußgerade muß steigende Tendenz haben.

Bei einer steigenden Reaktionsgeraden — hervorgerufen durch Austausch des zu bestimmenden Ions durch ein Ion höherer Beweglichkeit — wird ein horizontaler Verlauf dadurch erreicht, daß mit der Maßlösung gleichzeitig soviel Verdünnungswasser in die Lösung eingebracht wird, wie zur Kompensation der Leitfähigkeitserhöhung nötig ist. Fällt die Reaktionsgerade durch Austausch des zu bestimmenden Ions gegen ein Ion geringer Beweglichkeit, wird der horizontale Verlauf der Reaktionsgeraden durch Zugabe von Leitsalzen zur Maßlösung erreicht.

In beiden Fällen bleibt die Leitfähigkeit bis zum Äquivalenzpunkt konstant und die Bedingungen für die Anwendung der „Überpunktmethode“ sind erfüllt. SPILLNER und VOIGT [91] titrierten außer Sulfat auch Kaliumchlorid- und Kaliumbromidlösungen mit Silbernitrat und Zinksulfat mit Natronlauge und erhielten gute Analysenergebnisse.

3.3. Geräte zur konduktometrischen Titration

Bei Leitfähigkeitsmeßzellen für die konduktometrische Titration handelt es sich meist um Tauchzellen[1]) zum Eintauchen in das Titriergefäß (Becherglas), jedoch werden auch besondere Titrierzellen mit und ohne Doppelmantel zur Temperierung angeboten. Bei diesen Zellen kann auf eine Eichung verzichtet werden, da keine Absolutwerte der Leitfähigkeit, sondern nur Leitfähigkeitsänderungen bestimmt werden sollen. Sie sind daher in ihrem Aufbau oft einfach.

Bei der Aufnahme eines Titrationsdiagrammes muß nach jeder Zugabe von Maßlösung eine Leitfähigkeitsmessung durchgeführt werden. Die Aufnahme dieser Meßpunkte kann bei Verwendung einer geeigneten Meßzelle mit jedem beliebigen Leitfähigkeitsmeßgerät vorgenommen werden. Sieht man von Präzisionsbestimmungen bei wissenschaftlichen Untersuchungen ab, so ist für die Auswahl des Meßgerätes der Zeitfaktor entscheidend. Es ist bei der Durchführung von Serienanalysen keineswegs belanglos, ob die Aufnahme eines Meßpunktes mit einer Meßbrücke mit Handabgleich oder mit einem direktanzeigenden Meßgerät erfolgt. Man nimmt die etwas geringere Genauigkeit der direktanzeigenden Leitfähigkeitsmeßgeräte in Kauf und hat den Vorteil, sofort den Meßwert zu erhalten.

Im Abschn. 1.1. sind mehrere für die konduktometrische Titration geeignete, direktanzeigende Leitfähigkeitsmeßgeräte angeführt. Es kann daher hier auf ihre Behandlung verzichtet werden. Diese Geräte sind an sich zur Absolutbestimmung der spezifischen Leitfähigkeit vorgesehen und weisen keine so hohe Ansprechempfindlichkeit $\Delta\varkappa/\varkappa$ auf, wie sie bei der konduktometrischen Titration in einer Lösung mit hoher Grundleitfähigkeit nötig wird

---

[1]) Siehe dazu auch J. SCHUPPAN: „*Theorie und Meßmethoden der Konduktometrie*", Abschnitt 2.1.6.

(s. dazu Abschn. 3.2.1.). Für die meisten konduktometrischen Titrationen, die mit verhältnismäßig großen Leitwertänderungen verbunden sind, lassen sich diese Geräte jedoch mit Vorteil verwenden. Im folgenden sollen noch zwei speziell für die konduktometrische Titration entwickelte Leitfähigkeitsmeßgeräte mit hoher Ansprechempfindlichkeit etwas ausführlicher behandelt werden.

Der Labor-Leitfähigkeitsmesser Type LF 3 von den Wissenschaftlich-Technischen Werkstätten GmbH, Weilheim/Obb. BRD (Abb. 68) ist eine direktanzeigende Meßbrücke zur Bestimmung absoluter Leitfähigkeitswerte, und besonders zur konduktometrischen Titration ge-

Abb. 68. Labor-Leitfähigkeitsmesser Type LF 3 (*Hersteller:* Wissenschaftlich-Technische Werkstätten GmbH, Weilheim/Obb./BRD)

eignet. In der Normalschaltung wird die Meßbrücke von einem Generator mit niedrigem Klirrgrad mit einer konstanten Wechselspannung von 3 kHz bzw. mit Netzfrequenz gespeist. Die Frequenzwahl ist abhängig vom eingestellten Meßbereich und erfolgt automatisch. Die Leitfähigkeitsmeßzelle ist einer der Brückenwiderstände. Die Brückenverstimmung wird durch einen Verstärker mit phasenempfindlicher Gleichrichtung verstärkt und als

Leitwert G eindeutig auf einem Meßinstrument mit logarithmischer Skalenteilung angezeigt. Es kann ein Meßbereich zwischen 0,3 und 100000 μS in 11 umschaltbaren Bereichen, die sich durch eine Stufung 1:3:10 überschneiden, erfaßt werden. Die erreichbare Meßgenauigkeit beträgt $\pm 1\%$.

In vielen Fällen wird die normale Leitfähigkeitsmessung auch zur konduktometrischen Titration genügen. Bei Titrationen, die eine hohe Ansprechempfindlichkeit er-

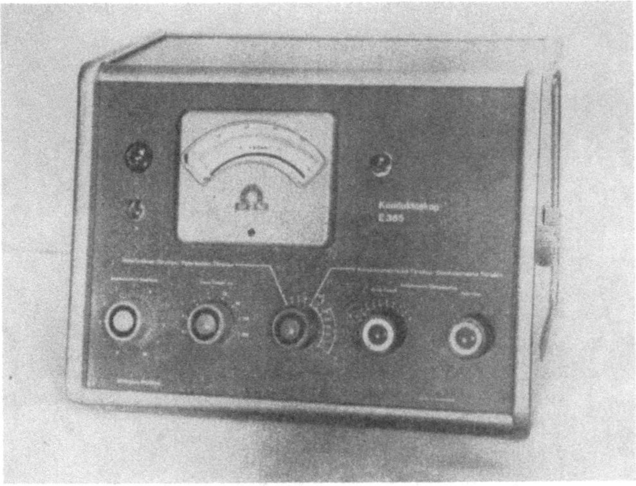

Abb. 69. **Konduktoskop E 365**
(*Hersteller:* Metrohm AG, Herisau/Schweiz)

fordern, erlaubt das Gerät in der Schaltung „Titrieren" jeden beliebigen Leitfähigkeitswert in den Brückennullpunkt zu legen. Das erfolgt durch einen veränderlichen Brückenwiderstand. Zur Titration wählt man einen Leitwert als Brückennullpunkt, der nur ein geringes unter dem voraussichtlich niedrigsten Titrationsleitwert liegt. Man schaltet so eventuell vorhandene hohe Grundleitfähigkeiten des Titrationssystems aus. Da man dabei die Meßempfindlichkeit durch Umschalten noch 3-fach und 10-fach erhöhen kann, erzielt man eine große Flankensteilheit des Titrationsdiagrammes, was die Auswertung der Titration sehr erleichtert.

In der Normalschaltung des Gerätes ist die Ansprechempfindlichkeit $\Delta\varkappa/\varkappa = 5 \cdot 10^{-3}$, in der Schaltung „Titrieren" dagegen besser als $5 \cdot 10^{-4}$. Diese hohe Ansprechempfindlichkeit sowie einige andere Vorzüge machen das Gerät zur konduktometrischen Titration sehr geeignet.

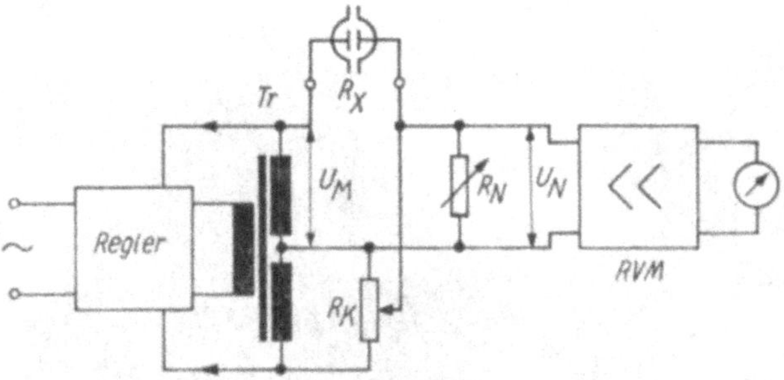

Abb. 70. Prinzipschema des Konduktoskops E 365

R_X – Meßzelle; Tr – Transformator; U_M – Meßspannung; R_K, R_N – Widerstände; RVM – Röhrenvoltmeter; U_N – Spannungsabfall

Die Titration kleinster Substanzmengen neben verhältnismäßig viel Fremdelektrolyt macht auch mit dem Konduktoskop E 365 der Metrohm AG, Herisau/Schweiz (Abb. 69) keine Schwierigkeiten. Das Konduktoskop E 365 arbeitet nach der Spannungsteiler-Schaltung. Dabei wird der Spannungsabfall an einem mit der Meßzelle (R_x) hintereinander geschalteten Widerstand R_N gemessen.[1]) Beim Konduktoskop wird, wie das Schaltschema des

[1]) Siehe dazu auch J. Schuppan: „*Theorie und Meßmethoden der Kondukotmetrie*", Abschnitt 2.2.1.6.; Abb. 41

Gerätes (Abb. 70) zeigt, die Meßspannung U_M von dem Transformator *Tr* geliefert. Es wird grundsätzlich mit Netzfrequenz 50 Hz gearbeitet. Die erforderliche Konstanz der Meßspannung wird mit Hilfe einer elektronischen Rückwärtsregelung erreicht. Der Meßstrom durchfließt die Meßzelle R_X und den Widerstand R_N, dessen Wert stufenlos zwischen 0 und 100 Ω geändert werden kann. Der dem Meßzellenleitwert proportionale Spannungsabfall U_N wird mit einem mehrstufigen Röhrenvoltmeter *RM* gemessen. Dieses ist stark gegengekoppelt und zeigt unabhängig von Netzspannungsschwankungen den Meßzellenleitwert auf einem eingebauten Anzeigeinstrument an.

Durch die Änderung von R_N kann die Ansprechempfindlichkeit des Gerätes in weiten Grenzen verändert werden. Sie beträgt im günstigsten Fall $\Delta\varkappa/\varkappa = 1 \cdot 10^{-4}$. Weiter wird einer zweiten Wicklung des Transformators *Tr* eine gegenphasige Kompensationsspannung entnommen, deren Größe mit dem Widerstand R_K geregelt wird, und auf den Eingang des Röhrenvoltmeters gegeben. Dadurch wird der Spannungsabfall an R_N ganz oder teilweise kompensiert und es kann jeder beliebige Leitfähigkeitswert auf den Skalenanfang des Röhrenvoltmeters gelegt werden.

Diese Kompensation des Grundleitwertes einer Lösung bringt bei konduktometrischen Titrationen den großen Vorteil, daß die ganze Instrumentenskala zur Verfolgung des Leitwertverlaufes zur Verfügung steht. Es gelingt durch Veränderung der Ansprechempfindlichkeit sowohl Leitwertänderungen von einem Vielfachen des Anfangsleitwertes als auch solche von einem geringen Bruchteil des Anfangsleitwertes linear auf der Instrumentenskala zu erfassen.

Um bei der Messung in Lösungen mit höheren Leitwerten die volle Empfindlichkeit des Gerätes ausnutzen zu können, ist außer der ohmschen Kompensation noch eine kapazitive Kompensation für die Polarisationskapazität der Meßzelle vorhanden.

Neben den mit Kohlrauschzellen arbeitenden Titrimetern gibt es eine Vielzahl von Hochfrequenztitrimetern, die kontaktlos mit kapazitiven oder induktiven Meßzellen arbeiten.

Abschließend soll noch darauf hingewiesen werden, daß sich die 4-Elektrodenmethode sehr gut zur konduktometrischen Titration in Lösungen hoher Grundleitfähigkeit eignet. SPILLNER [92] macht darüber ausführliche Angaben und beschreibt eine Geräteschaltung, welche ebenfalls die Kompensation der Grundleitfähigkeit erlaubt.

4. Literatur

[1] SCHUPPAN, J.: „*Theorie und Meßmethoden der Konduktometrie*“, Akademie-Verlag, Berlin 1980

[2] SHEDLOVSKY, T.: J. Amer. chem. Soc. **52** (1930), 1973

[3] SCHUPPAN, J.: Zmsr **2** (1960), 477

[4] MAURER, O.: Siemens-Zeitschrift **38** (1964), 506

[5] OEHME, F.: „Industrielle Konduktometrie“ aus: Internationales Jahrbuch Chemische Industrie, Verlag Vogt-Schild AG, Solothurn 1964

[6] LANDOLT-BÖRNSTEIN: „*Zahlenwerte und Funktionen*“, Bd. 2, Teil 7, Springer-Verlag, Berlin—Göttingen—Heidelberg 1960

[7] CONWAY, B. E.: „*Electrochemical Data*“, Elsevier Publishing Company, Amsterdam 1952

[8] D'ANS, J. und LAX, E.: „*Taschenbuch für Chemiker und Physiker*“, Springer-Verlag, Berlin—Göttingen—Heidelberg 1949

[9] SCHWABE, K.: „*pH-Meßtechnik*“, Steinkopff-Verlag, Dresden 1976

[10] GAUCHAT, Ch. L.: Mitt. Ver. Großkesselbes. (1959) Heft 60

[11] SÜSS, R.: wasser, luft und betrieb **6** (1962), 285

[12] LIENEWEG, F.: Z. Elektrochemie **47** (1941), 130

[13] MÜLLER, H. und SÜSS, R.: Techn. Überwach. **4** (1963), 172

[14] KOHLRAUSCH, F. und HOLBORN, L.: „*Das Leitvermögen der Elektrolyte*“, Verlag B. G. Teubner, Leipzig und Berlin 1916

[15] WALDEN, P.: „*Das Leitvermögen der Lösungen*“, Akademische Verlagsgesellschaft, Leipzig 1924

[16] OEHME, F.: „*Angewandte Konduktometrie*“, Dr. Alfred Hüthig Verlag GmbH, Heidelberg 1961

[17] FUHRMANN, H. und SCHNEIDER, G. W.: Brennstoff—Wärme—Kraft **10** (1958), 115

[18] LEICHER: Techn. Überw. **3** (1962), 85

[19] FREIER, R.: „*Kesselspeisewasser*“, Walter De Gruyter & Co., Berlin 1958

[20] SCHWABE, K.: „*Elektrometrische pH-Messung unter extremen Bedingungen*", Verlag Chemie, Weinheim/Bergstr. 1960
[21] SCHWABE, K.: Chemie-Ing.-Techn. **29** (1957), 656
[22] SCHWABE, K.: Dechema-Monogr. **31** (1959), 151
[23] BRUN, T. S.: „*On the electrical conductivity of hydrogen bonded binary liquid systems*", Arbok 1952
[24] HENGSTENBERG, J., STURM, B. und WINKLER, O.: „*Messen und Regeln in der chemischen Technik*", Springer-Verlag, Berlin—Göttingen—Heidelberg 1957
[25] KLUTKE, F.: Dechema-Monogr. **17** (1951), 108
[26] SALOMON. M.: Chem. Techn. **10** (1958), 207
[27] KOHLRAUSCH, F. und GROTRIAN, W.: „*Abegg's Handbuch der anorganischen Chemie*", Vol. III/3, S. 162, Hirzel-Verlag, Leipzig 1907
[28] NIKOLSKI, B. P.: „*Handbuch des Chemikers*", Band III, S. 378, Berlin 1959
[29] SAUERMANN, P. F.: Dissertation, Aachen 1960
[30] GILLESPIE, R. J.: Journ. Chem. Soc. **2473** (1950), 2997
[31] MASON, D. M., TAYLOR, L. L. und VANGO, S. P.: Anal. Chemistry **27** (1955), 1135
[32] Technisches Verfahrensblatt „Dreizonen-Regelung" TVB 103—1, Polymetron AG, Zürich
[33] SPLITTGERBER, A.: „*Wasseraufbereitung im Dampfkesselbetrieb*", Verlag Technik, Berlin 1954
[34] VGB-Richtlinien für die Aufbereitung von Kesselspeisewasser und Kühlwasser, Essen 1958
[35] SÜSS, R.: Energie **13** (1961), 226
[36] MOYAT, P.: Mitt. Ver. Großkesselbes. (1960) Heft 67, S. 265
[37] MÜLLER, H. und SÜSS, R.: Mitt. Ver. Großkesselbes. (1962) Heft 79, S. 262
[38] TÖLLER, W.: Mitt. Ver. Großkesselbes. (1952) Heft 21, S. 252
[39] KÖHLE, H.: Techn. Mitteilungen **49** (1956), 74
[40] SPLITTGERBER, A.: Vom Wasser **12** (1937), 378; **14** (1939), 296
[41] LIST, H.: Mitt. Ver. Großkesselbes. (1951), S. 31
[42] GEISSLER, T.: Energie **7** (1955), 105
[43] DOBREFF, J., EFFENBERGER, H. und DAUER, S.: Energietechn. **5** (1955), 124
[44] REICHELT, H.: „*Vom Rohwasser zum Hochdruckdampf*", Halle 1949

[45] HOWARD, C. S.: Ind. Engng. Chem. Analyt. Ed. **5** (1933), 4
[46] ŠANDERA, K.: in BÖTTGER, W.: „*Physikalische Methoden der analytischen Chemie*", 2. Teil, Akademische Verlagsgesellschaft, Leipzig 1949
[47] PLATZL, M.: Österr. Wasserwirtsch. **8** (1956), 11
[48] HAMON, B. V.: J. sci. Instruments **33** (1956), 329
[49] REICHERT, E.: Z. Ver. dtsch. Zuckerind. **39** (1889), 432
[50] FOCH, A.: Z. Ver. dtsch. Zuckerind. **39** (1889), 712
[51] LANGE, A. E.: Z. Ver. dtsch. Zuckerind. **60** (1910), 359
[52] TRENKLER, A.: Öster.-Ungar. Z. Zuckerind. **39** (1910), 437
[53] LUNDEN, H.: Z. Ver. dtsch. Zuckerind. **75** (1925), 763
[54] ŠANDERA, K.: Z. Zuckerind. čsl. Rep. **55** (1930), 199, 215
[55] SCHWABE, K.: „*Säurekorrosion der Metalle in wasserfreien Lösungsmitteln*", 1. Teil, Verlag Technik, Berlin 1952
[56] OEHME, F.: J. Electroanal. Chem. **5** (1963), 317
[57] Technisches Verfahrensblatt „Die Überwachung von Auswaschvorgängen mittels Leitfähigkeitsmessung" TVB 121—1 D, Polymetron AG, Zürich
[58] SIMANEK, V. und JANAK, J.: Svazek **48** (1954), 1623
[59] DE VERDIER, C. H. und SJÖBERG, C. J.: Acta chem. scand. **8** (1954), 1161
[60] DRAKE, B.: Ark. Kemi **8** (1955), 189; **4** (1952), 401
[61] SCHMIDTS, W. und BARTSCHER, W.: Z. analyt. Chem. **181** (1961), 54
[62] SALZER, F.: Mikrochim. Acta (Wien) **1962**, 835
[63] JANDER, G. und PFUNDT, O.: „*Die konduktometrische Maßanalyse*", Verlag F. Enke, Stuttgart 1945
[64] JANDER, G. und PFUNDT, O.: in BÖTTGER, W.: „*Physikalische Methoden der analytischen Chemie*", 2. Teil, Akademische Verlagsgesellschaft, Leipzig 1949
[65] JANDER, G. und JAHR, K. F.: *Maßanalyse*", Berlin 1956
[66] KOLTHOFF, J. M.: „*Konduktometrische Maßanalyse*", Verlag Steinkopff, Dresden 1923
[67] ABRAHAMCZIK, E.: in HOUBEN-WEYL: „*Methoden der organischen Chemie*", Bd. 3, Teil 2, G. Thieme-Verlag, Stuttgart 1955
[68] BRITTON, H. T. S.: „*Conductometric Analysis*", Chapman & Hall, London 1934
[69] BLAKE, G. G.: „*Conductometric Analysis at Radio-Frequencis*", London 1950
[70] CRUSE, K. und HUBER, R.: „*Die Hochfrequenztitration*", Verlag Chemie, Weinheim/Bergstr. 1957

[71] KORTÜM, G.: „*Lehrbuch der Elektrochemie*", Verlag Chemie, Weinheim/Bergstr. 1972
[72] RÖDICKER, H. und GEIER, K.: „*Physikalisch-chemische Untersuchungsmethoden*", Bd. I, Deutscher Verlag für Grundstoffindustrie, Leipzig 1962
[73] WEINER, R. und KOLLER, L.: Z. analyt. Chem. **136** (1952), 241
[74] IMMIG, H. und JANDER, G.: Z. Elektrochem. **43** (1937), 207
[75] JANDER, G. und HARMS, J.: Angew. Chem. **48** (1935), 267
[76] OEHME, F.: G-I-T **4** (1960), 119
[77] JANDER, G.: „*Die Chemie in wasserähnlichen Lösungsmitteln*", Springer-Verlag, Berlin 1949
[78] OEHME, F.: „*Angewandte Konduktometrie*", S. 165, Dr. Alfred Hüthig Verlag GmbH, Heidelberg 1961
[79] OEHME, F.: Erdöl u. Kohle **12** (1959), 623
[80] siehe [78], S. 176
[81] POETHKE, W.: Z. analyt. Chem. **86** (1931), 45
[82] JANDER, G. und PFUNDT, O.: „*Die konduktometrische Maßanalyse*", S. 34f., Verlag F. Enke, Stuttgart 1945
[83] MIKA, J.: Z. analyt. Chem. **98** (1934), 3; **106** (1936), 248
[84] MIKA, J.: „*Die Methoden der Mikromaßanalyse*", Stuttgart 1958
[85] GRUNWALD, E.: Analyt. Chem. **28** (1956), 1112
[86] OEHME, F.: „*Angewandte Konduktometrie*", S. 185, Dr. Alfred Hüthig Verlag GmbH, Heidelberg 1956
[87] PIEPER, J.: Z. Elektrochem. **40** (1934), 844
[88] BOULAD, J. H.: Bull. Soc. chim. de France [5] **3** (1936), 408
[89] HENNIG, G.: Dissertation, Leipzig 1929
[90] JANDER, G. und PFUNDT, O.: „*Die konduktometrische Maßanalyse*", S. 36, Verlag F. Enke, Stuttgart 1945
[91] SPILLNER, F. und VOIGT, U.: Angew. Chem. **66** (1954), 198
[92] SPILLNER, F.: Chemie-Ing.Techn. **29** (1957), 24
[93] HEADRIDGE, J. B.: „*Electrochemical Techniques for inorganic Chemists*", Academic Press, New York 1969

Der Autor

- **macht den Leser mit den vielfältigen Anwendungsmöglichkeiten der Konduktometrie in Laboratorien und in der technischen Betriebskontrolle bekannt**

- **beschreibt die hervorragende Eignung der Leitfähigkeitsmessung für Qualitäts- und Reinheitskontrollen und für den Umweltschutz**

- **erläutert die verschiedenen Verfahren der konduktometrischen Titration und gibt Hinweise für deren praktische Durchführung**

WISSENSCHAFTLICHE TASCHENBÜCHER

FSC
www.fsc.org
MIX
Papier | Fördert
gute Waldnutzung
FSC® C083411

Kolibri 360 GmbH
Ferdinand-Jühlke-Straße 7
99095 Erfurt, Deutschland
produktsicherheit@kolibri360.de